"十二五"职业教育国家规划教材
经全国职业教育教材审定委员会审定

建筑工程制图与识图习题集

Jianzhu Gongcheng Zhitu yu Shitu Xitiji

（第三版）

莫章金　毛家华　主编

U0832165

高等教育出版社·北京

内容提要

本习题集是“十二五”职业教育国家规划教材，是在莫章金、毛家华主编的普通高等教育“十一五”国家级规划教材《建筑工程制图与识图习题集》（第二版）的基础上，进一步结合技能型、应用性人才培养的教育教学改革的实践经验，为适应技能型、应用性人才培养的需要和工程制图标准的变化而修订的。

为便于教学，本习题集的编写顺序与配套教材一致，内容包括投影作图、制图基础、专业图绘制与识读和计算机绘图等。

另外有配套使用的教学资源（含电子课件与习题答案），供教学和学生自学用。

本习题集可作为技能型、应用性人才培养的建筑工程技术专业、给水排水工程技术专业和建筑工程管理类各专业的建筑制图与识图教学配套用书，也可作为相关专业的培训用书。

图书在版编目（CIP）数据

建筑工程制图与识图习题集 / 莫章金，毛家华主编. --3 版 . -- 北京 ：高等教育出版社，2013.7（2019. 11重印）

ISBN 978-7-04-037385-1

Ⅰ. ①建… Ⅱ. ①莫… ②毛… Ⅲ. ①建筑制图-高等职业教育-习题集 Ⅳ. ①TU204-44

中国版本图书馆 CIP 数据核字（2013）第100014号

策划编辑 张玉海　　责任编辑 刘东良　　封面设计 李卫青　　版式设计 马敬茹
插图绘制 尹　莉　　责任校对 孟　玲　　责任印制 毛斯璐

出版发行 高等教育出版社
社　　址 北京市西城区德外大街4号
邮政编码 100120
印　　刷 三河市华骏印务包装有限公司
开　　本 787mm×1092mm 1/8
印　　张 14.75
字　　数 170千字
购书热线 010-58581118
咨询电话 400-810-0598
网　　址 http://www.hep.edu.cn
　　　　 http://www.hep.com.cn
网上订购 http://www.landraco.com
　　　　 http://www.landraco.com.cn
版　　次 2000 年 7 月第 1 版
　　　　 2013 年 7 月第 3 版
印　　次 2019 年11月第 9 次印刷
定　　价 24.80元

本书如有缺页、倒页、脱页等质量问题，请到所购图书销售部门联系调换
版权所有 侵权必究

物 料 号 37385-A0

"十二五"职业教育国家规划教材
经全国职业教育教材审定委员会审定

建筑工程制图与识图习题集

（第三版）

章金 毛家华 主编

高等教育出版社

出版说明

教材是教学过程的重要载体，加强教材建设是深化职业教育教学改革的有效途径，推进人才培养模式改革的重要条件，也是推动中高职协调发展的基础性工程，对促进现代职业教育体系建设，切实提高职业教育人才培养质量具有十分重要的作用。

为了认真贯彻《教育部关于"十二五"职业教育教材建设的若干意见》（教职成〔2012〕9号），2012年12月，教育部职业教育与成人教育司启动了"十二五"职业教育国家规划教材（高等职业教育部分）的选题立项工作。作为全国最大的职业教育教材出版基地，我社按照"统筹规划，优化结构，锤炼精品，鼓励创新"的原则，完成了立项选题的论证遴选与申报工作。在教育部职业教育与成人教育司随后组织的选题评审中，由我社申报的1 338种选题被确定为"十二五"职业教育国家规划教材立项选题。现在，这批选题相继完成了编写工作，并由全国职业教育教材审定委员会审定通过后，陆续出版。

这批规划教材中，部分为修订版，其前身多为普通高等教育"十一五"国家级规划教材（高职高专）或普通高等教育"十五"国家级规划教材（高职高专），在高等职业教育教学改革进程中不断吐故纳新，在长期的教学实践中接受检验并修改完善，是"锤炼精品"的基础与传承创新的硕果；部分为新编教材，反映了近年来高职院校教学内容与课程体系改革的成果，并对接新的职业标准和新的产业需求，反映新知识、新技术、新工艺和新方法，具有鲜明的时代特色和职教特色。无论是修订版，还是新编版，我社都将发挥自身在数字化教学资源建设方面的优势，为规划教材开发配备数字化教学资源，实现教材的一体化服务。

这批规划教材立项之时，也是国家职业教育专业教学资源库建设项目及国家精品资源共享课建设项目深入开展之际，而专业、课程、教材之间的紧密联系，无疑为融通教改项目、整合优质资源、打造精品力作奠定了基础。我社作为国家专业教学资源库平台建设和资源运营机构及国家精品开放课程项目组织实施单位，将建设成果以系列教材的形式成功申报立项，并在审定通过后陆续推出。这两个系列的规划教材，具有作者队伍强大、教改基础深厚、示范效应显著、配套资源丰富、纸质教材与在线资源一体化设计的鲜明特点，将是职业教育信息化条件下，扩展教学手段和范围，推动教学方式方法变革的重要媒介与典型代表。

教学改革无止境，精品教材永追求。我社将在今后一到两年内，集中优势力量，全力以赴，出版好、推广好这批规划教材，力促优质教材进校园、精品资源进课堂，从而更好地服务于高等职业教育教学改革，更好地服务于现代职教体系建设，更好地服务于青年成才。

高等教育出版社
2014年7月

第三版前言

本书是“十二五”职业教育国家规划教材在莫章金、毛家华主编的普通高等教育“十一五”国家级规划教材《建筑工程制图与识图习题集》(第二版)的基础上，进一步结合技能型、应用性人才培养的教育教学改革的实践经验，为适应技能型、应用性人才培养的需要和工程制图标准的变化而修订的。其内容包括投影作图、制图基础、专业图绘制与识读和计算机绘图等。

为了方便教学与训练，本习题集的内容和编写顺序与配套教材一致。习题集中的知识点与配套教材紧密结合，选题力求具有针对性和实用性。各章节的训练以基本题为主，难度适中，重点章节适当增加题目数量和难度，一般章节的题目数量也有一定的选择余地，以满足不同学时数的专业教学和不同程度的学生训练的需要。

建筑工程制图与识图是一门实践性很强的课程。本习题集的编排注重学生基本绘图技能的训练，循序渐进地引导学生掌握仪器、徒手、计算机三种绘图方法。作业题目的设计编排有利于学生绘图技能和识图能力的培养。

专业图练习尽量结合工程实际。练习题目与教材附录中的一套典型实例施工图紧密配合，便于理论联系实际进行教学和训练，有利于提高学生识读和绘制成套施工图的能力。

计算机绘图题目的安排实用、有趣。通过完成本习题集的上机实践教学与训练，可使学生最终能较熟练地使用计算机绘制出本专业的工程图样。

本习题集还有配套使用的教学资源(含电子课件与习题答案)，供教学和学生自学用。需要者可向高等教育出版社索取。

本书由莫章金、毛家华主编。参加编写的人员及分工是：重庆大学肖庆年编写第1章，莫章金编写绪论、第4、11、12章，郑海兰编写第5、7章，毛家华编写第6、8、9章，中国建筑西南设计研究院设计院莫燕妮编写第2、3、10章。

重庆科技学院伍培教授审阅了全书，并提出了宝贵的意见。在此我们表示衷心感谢。

本习题集自2001年7月第一版出版以来，受到了全国广大师生读者的欢迎和厚爱，借此机会，我们向使用本习题集的师生读者表示衷心的感谢。

由于编者水平有限，书中可能有不妥和错误之处，恳请读者和同行批评指正。

编者
2013年2月

第二版前言

本习题集是普通高等教育“十一五”国家级规划教材《建筑工程制图与识图》(第二版)(莫章金主编)的配套书，是在第一版的基础上，结合应用性、技能型人才培养教学改革的实践经验，为适应应用性、技能型人才培养的需要而修订的。其内容包括投影原理和投影图、制图基础、专业图绘制与识读和计算机绘图等。

为了方便教学与训练，本习题集的内容和编写顺序与配套教材一致。习题集中的知识点与配套教材紧密结合，选题力求具有针对性和实用性。各章节的训练以基本题为主，难度适中，重点章节适当增加题目数量和难度，一般章节的题目数量也是一定的选择余地，以满足不同学时数的专业教学和不同程度的学生训练的需要。

建筑工程制图与识图是一门实践性很强的课程。本习题集的编排注重学生基本绘图技能的训练，循序渐进地引导学生掌握仪器、徒手、计算机三种绘图方法。作业题目的设计编排有利于学生绘图技能和识图能力的培养。

专业图练习尽量结合工程实际。练习题目与教材附录中的一套典型实例施工图紧密配合，便于理论联系实际进行教学和训练，有利于提高学生识读和绘制成套施工图的能力。计算机绘图题目的安排实用、有趣。通过完成本习题集的上机实践教学与训练，可使学生最终能较熟练地使用计算机绘制出本专业的工程图样。

本书可作为应用性、技能型人才培养的各类教育建筑工程技术专业、给水排水工程技术专业和建筑工程管理类各专业的教学用书。

本习题集由莫章金、毛家华主编。参加编写的人员及所编章节如下：重庆大学肖庆年编写第1章，重庆科技学院伍培编写第2、3章，重庆大学莫章金编写第4、11、12章，郑海兰编写第5、7章，毛家华编写第6、8、9章，黄声武编写第10章。

全书由同济大学何铭新教授审阅。何教授对本习题集进行了认真细致的审阅，并提出了宝贵的意见，在此表示衷心的感谢。

由于编者水平有限，缺点和错误在所难免，恳请读者和同行批评指正。

编者

2006年3月

第一版前言

本习题集是教育部高职高专规划教材《建筑工程制图与识图》的配套用书。是根据教育部《建筑工程制图课程教学基本要求》,并结合高职高专教学改革的实践经验,为适应高职高专教育的需要而编写的。

为便于教学,本习题集的编写顺序与配套教材一致,内容包括:投影基本知识,平面立体,曲面立体,轴测图,制图基本知识,组合体的投影图,建筑形体表达方法,民用建筑建筑施工图,民用建筑结构施工图,单层工业厂房施工图,建筑给水排水施工图,计算机绘图——AutoCAD基础。习题集中的知识点与配套教材紧密结合,选题力求具有针对性和实用性,尽量结合工程实际。各章节的训练以基本题为主,难度适中,重点章节适当增加题目数量和难度,一般章节的题目数量也有一定的选择余地,以满足不同学时数的专业教学和不同程度的学生训练的需要。本书采用国家最新技术制图标准和现行建筑制图有关标准,作业题目的设计编排有利于学生绘图技能和识图能力的培养。

本书可供高等职业学校、高等专科学校、成人高校以及本科院校举办的二级职业技术学院和民办高校房屋建筑工程专业、给水排水工程专业和建筑管理类各专业的学生使用,亦可供相近专业的学生参考和使用。

本书由毛家华、莫章金主编。参加编写的人员是:重庆大学肖庆年(第1章),重庆石油高等专科学校伍培(第2、3章),重庆大学莫章金(第4、12章),郑海兰(第5、7章),毛家华、蔡樱(第6、8、9、10章),黄声武(第11章)。全书由莫章金统稿。

全书由同济大学何铭新教授主审。

由于编者水平有限,书中缺点和错误在所难免,恳请读者批评指正。

编者

2000年10月

目　　录

1.1 根据直观图找投影图，将对应的编号填写在圆圈内

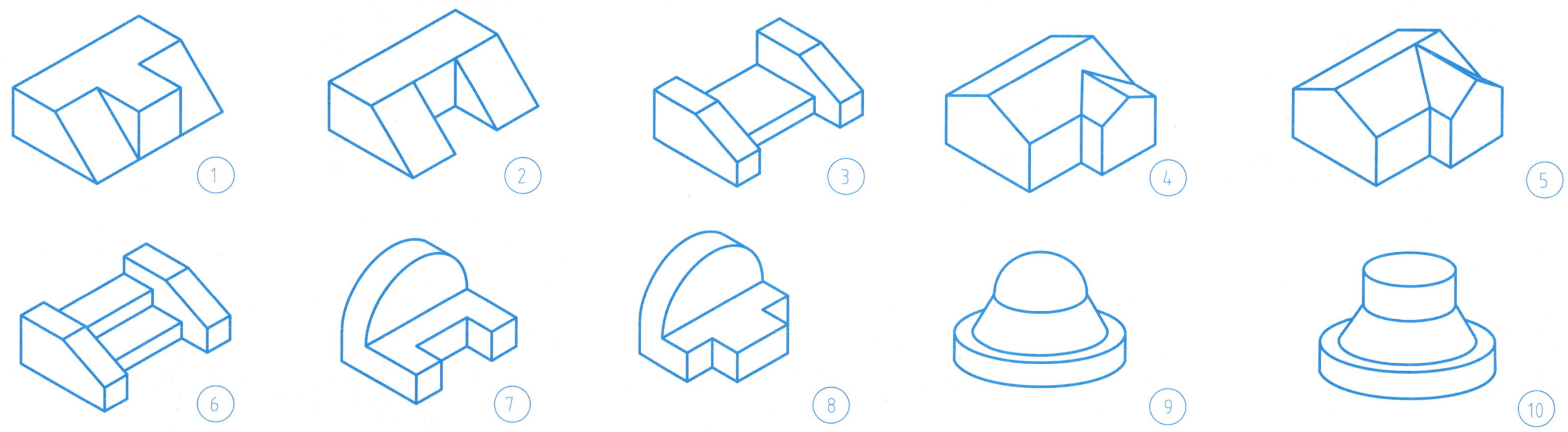

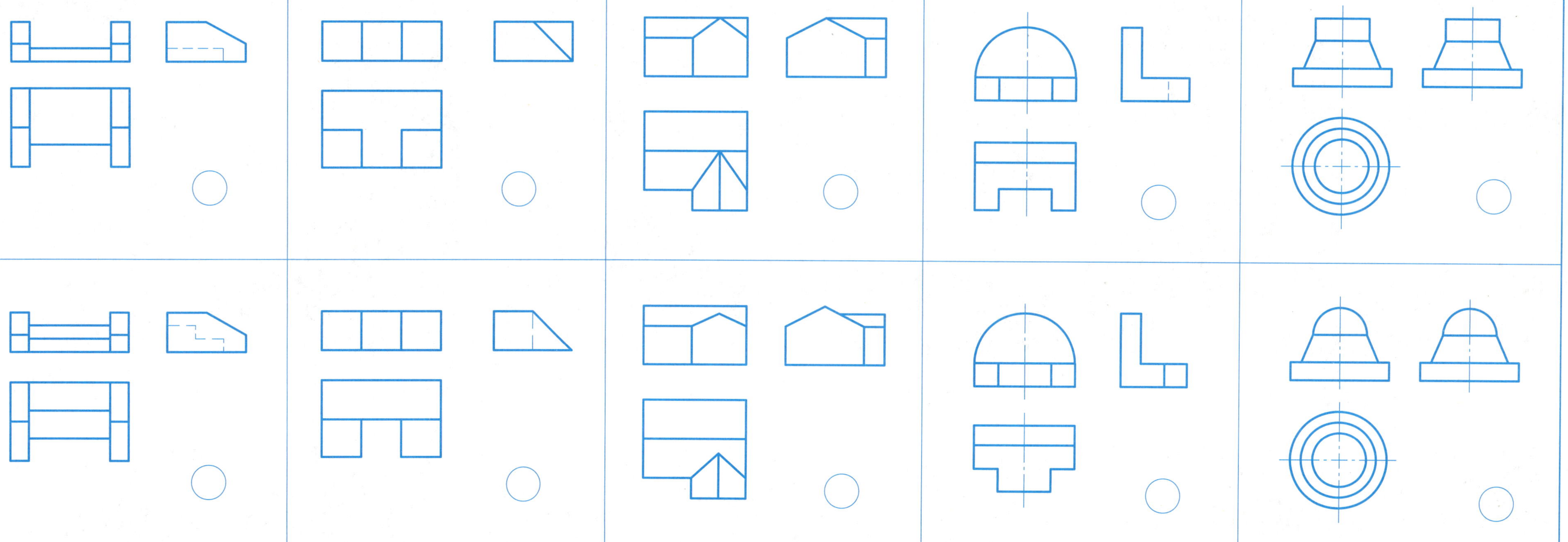

1.2 画出所给形体的三面投影图（1：1）

1.

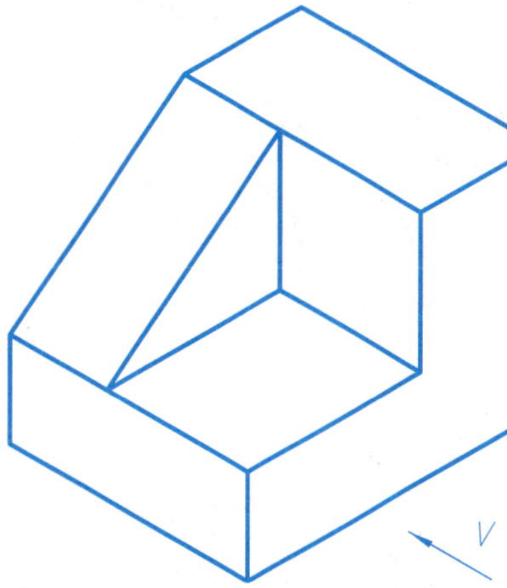

2.

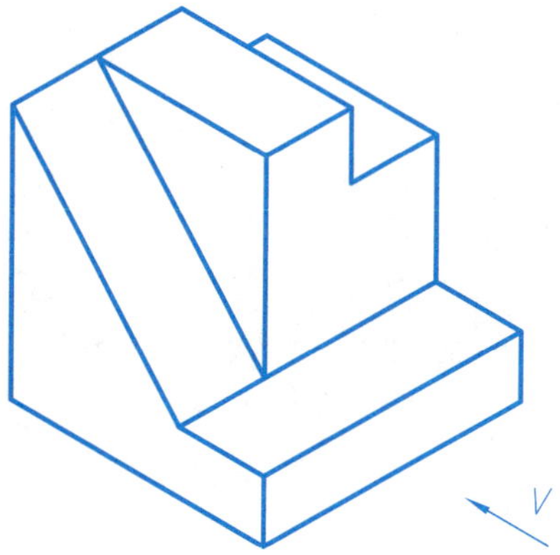

3.

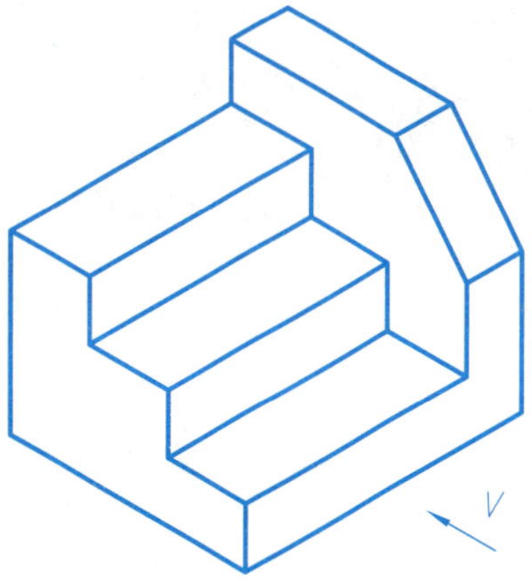

4.

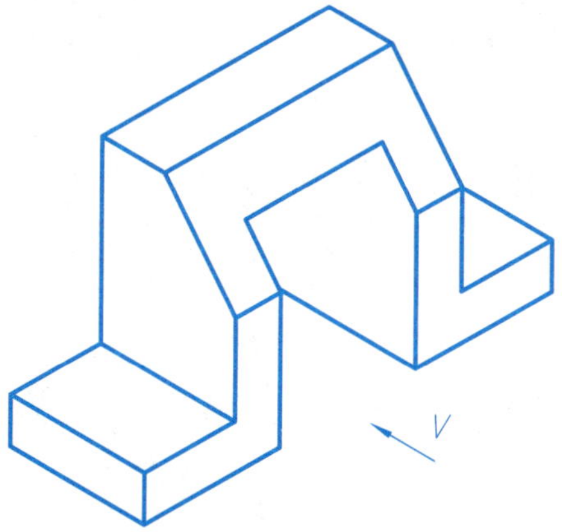

1.3 点的投影

1. 在立体的三面投影图上标出点的第三投影。

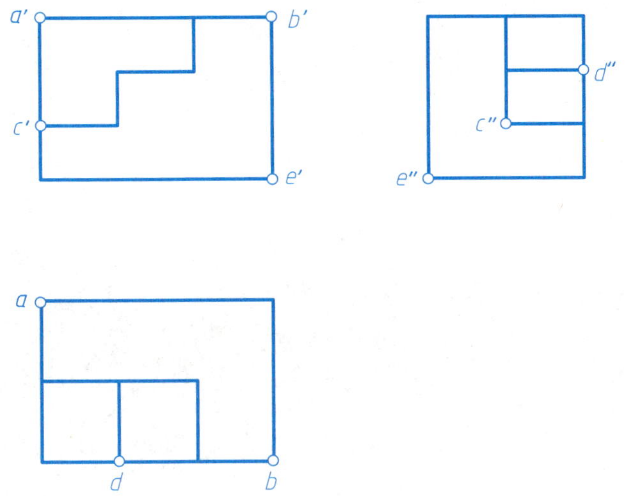

2. 已知点的二面投影，补出第三投影。

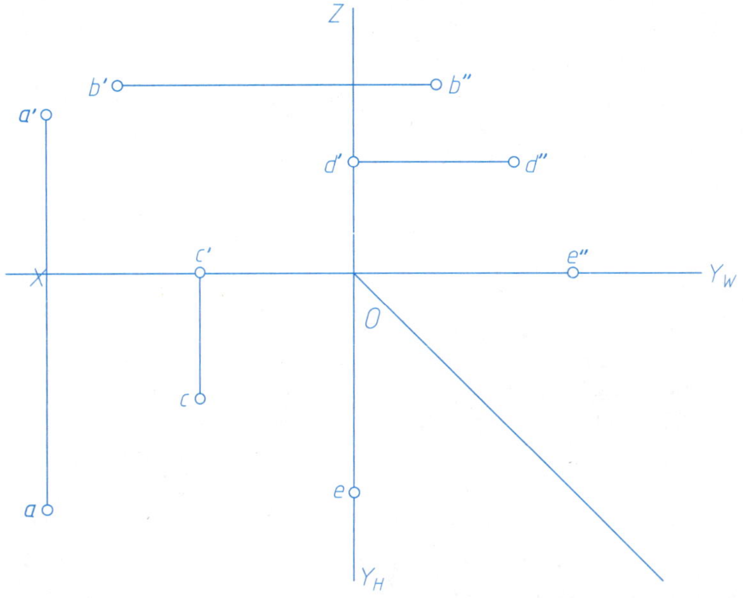

3. 已知 A、B、C 三点的各一投影 a、b'、c''，且 Aa=20，Bb'=10，Cc''=5。完成各点的三面投影。并用直线连接各同面投影。

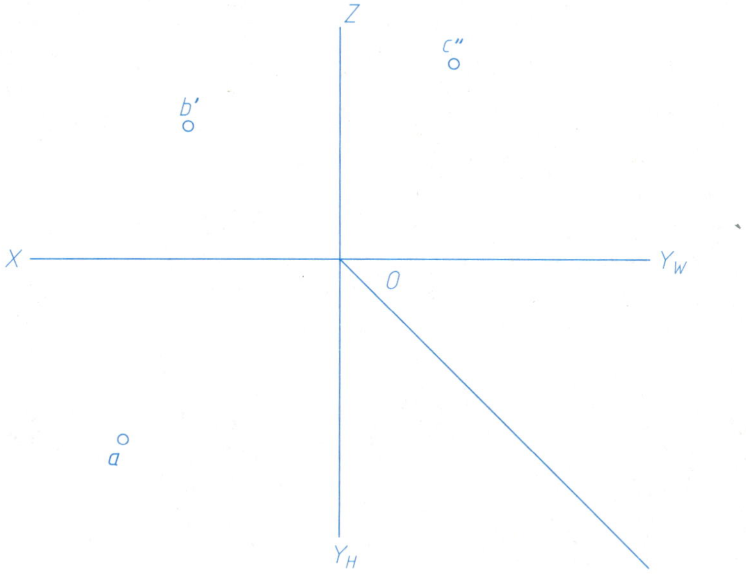

4. 判定 A、B 两点的相对位置。

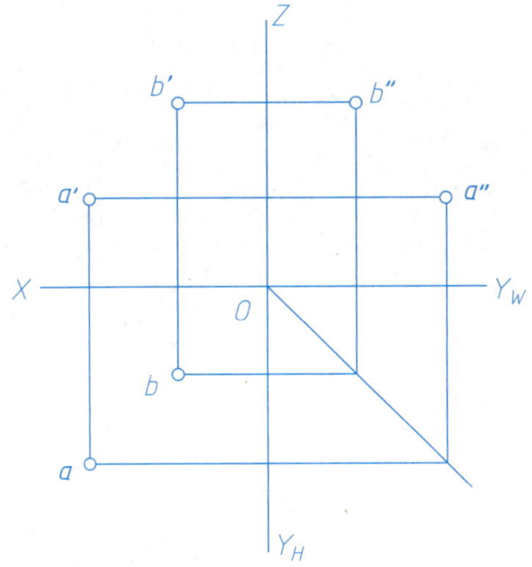

A 点在 B 点__________

5. 求下列各点的第三投影，判定重影点的可见性（不可见点加括号）。

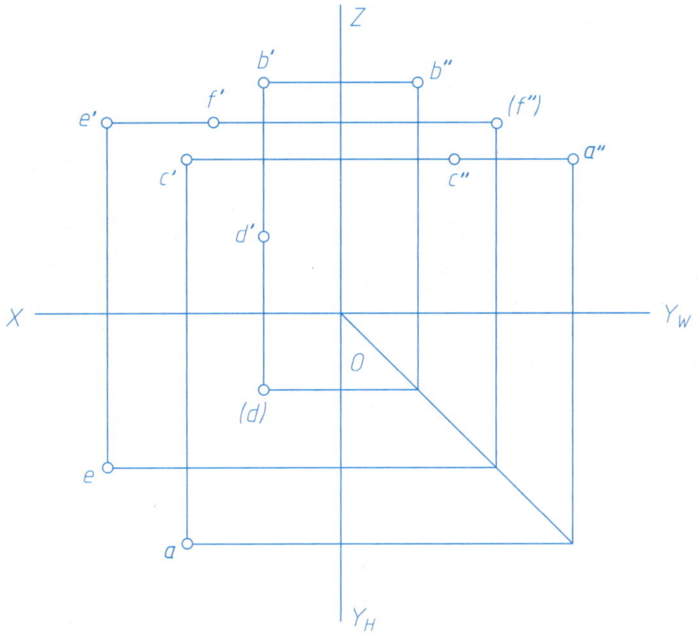

6. 已知 A、B 两点同高，B 在 A 之右，Aa'=20，Bb'=10，且 A、B 两点的 H 面投影相距 50。求作 A、B 两点的二面投影。

1.4 直线的投影(一)

1. 求下列各直线的第三投影,并判别各直线与投影面的相对位置(填写直线名称)。

(1)

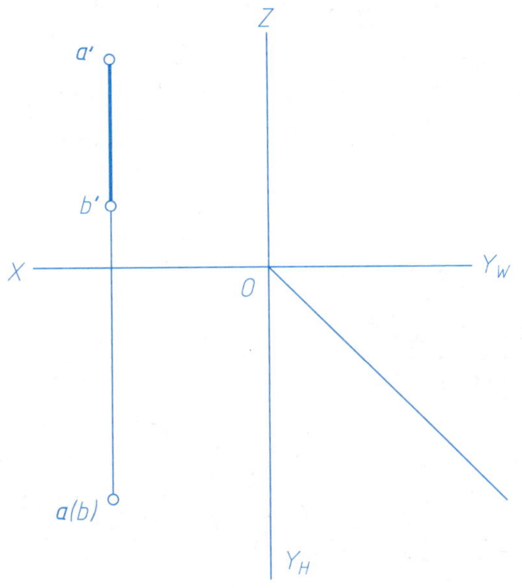

AB 是________

(2)

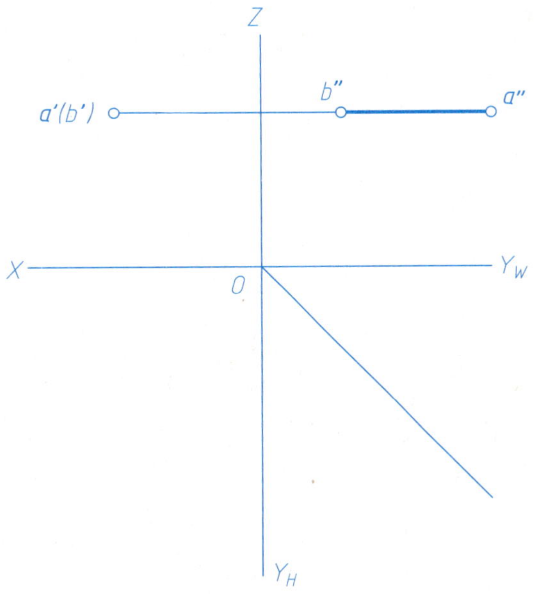

AB 是________

(3)

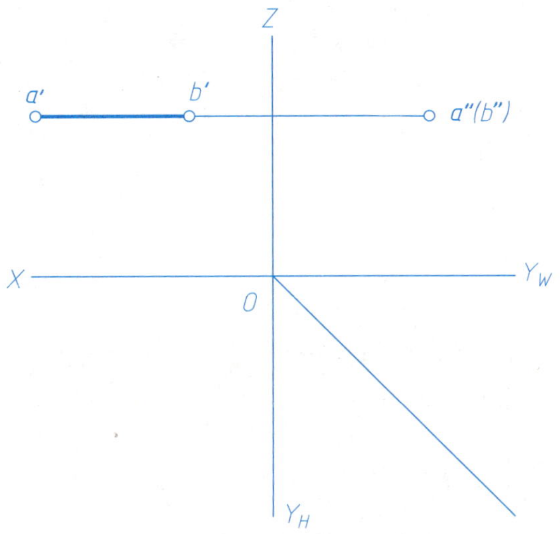

AB 是________

(4)

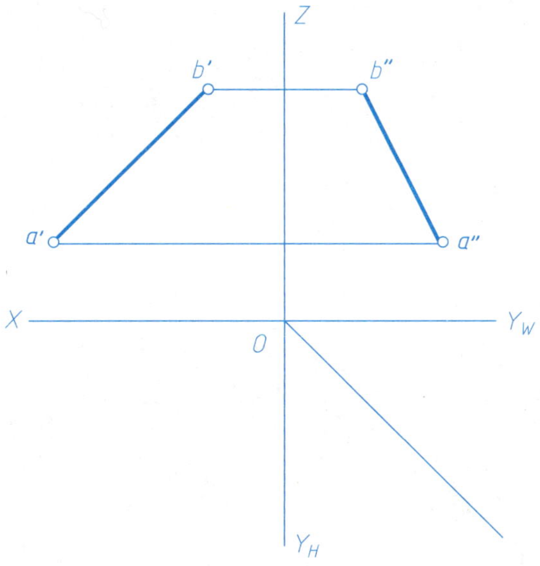

AB 是________

(5)

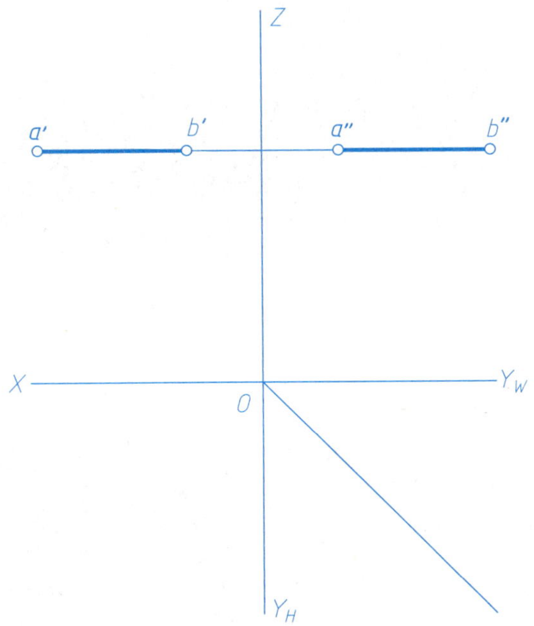

AB 是________

(6)

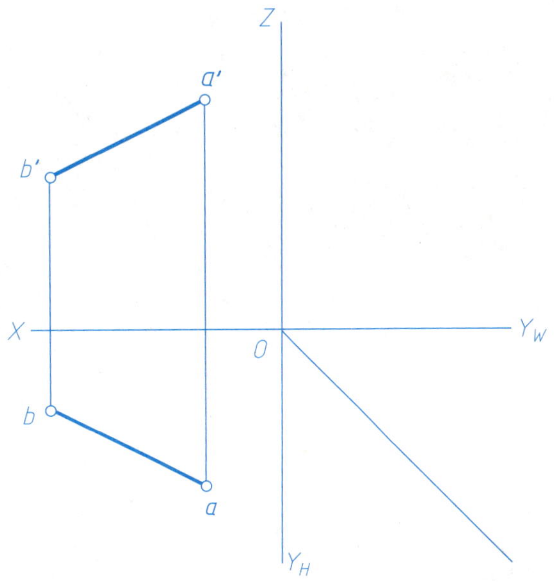

AB 是________

(7)

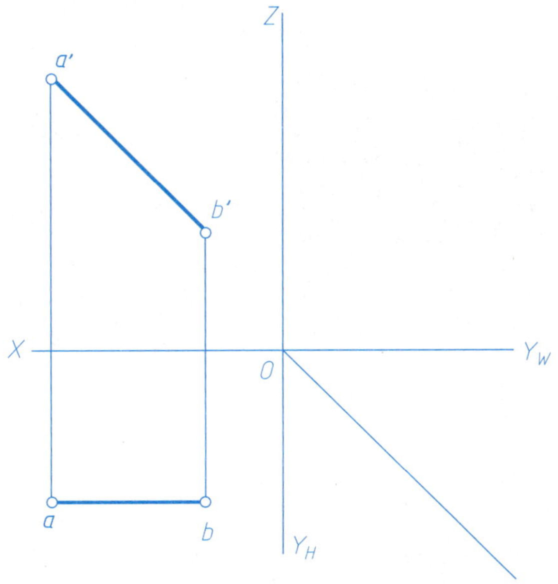

AB 是________

(8)

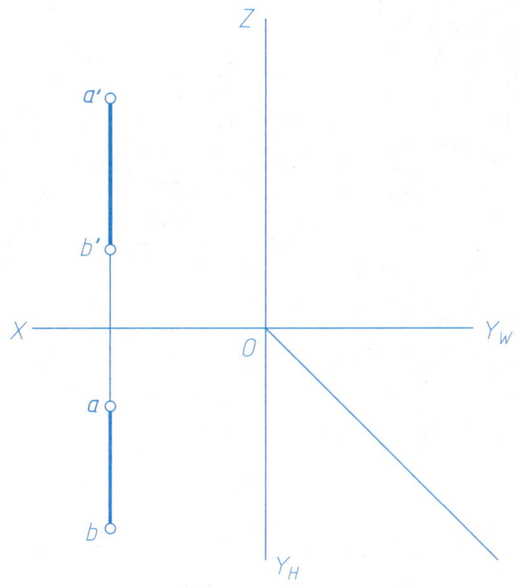

AB 是________

2. 作图判断 K 点是否在直线 AB 上。

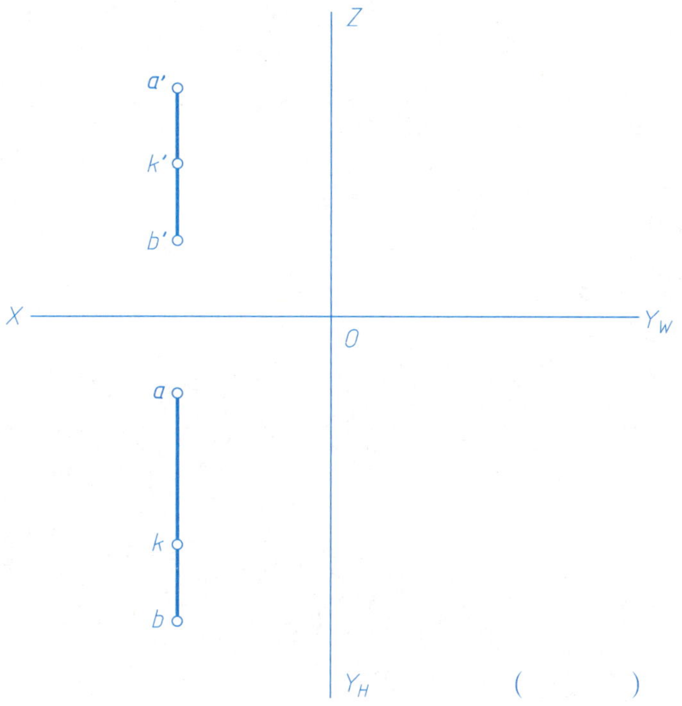

(　　　)

3. 在直线 AB 上取一点 C，使 $AC:CB=4:3$。

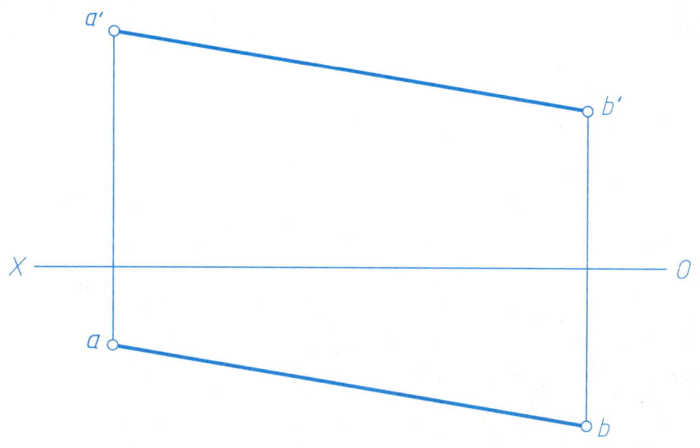

4. 已知 $AB//W$，$AB=20$，$\alpha=30°$，B 点在 A 点的后上方，求直线 AB 的三面投影。

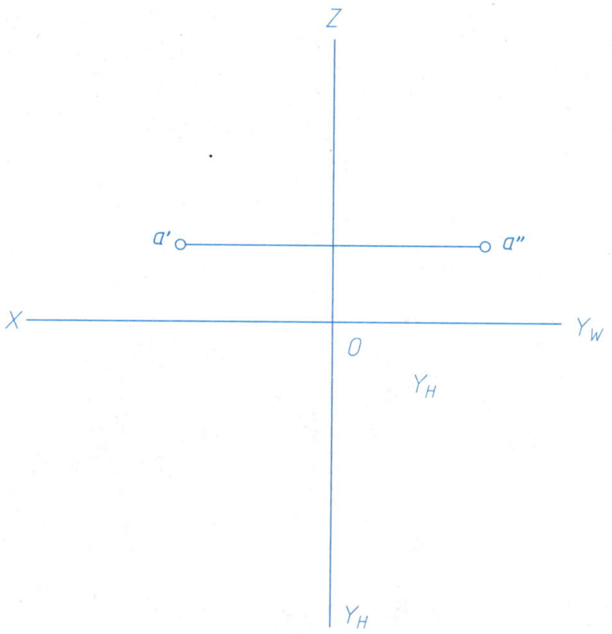

5. 作图求直线 AB 的实长和倾角 α。

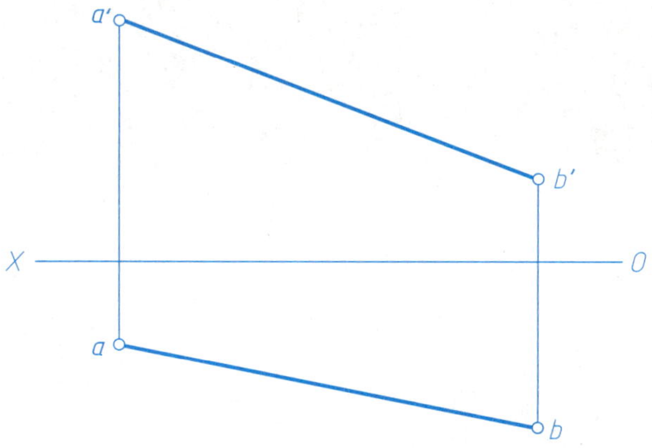

6. 作图求直线 AB 的实长和倾角 β。

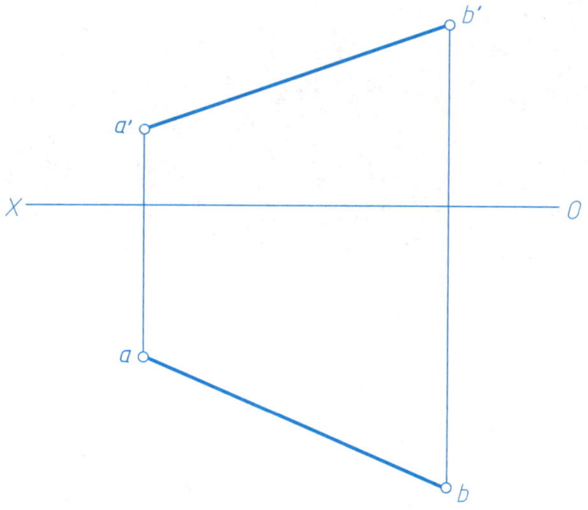

7. 已知 $a'b'$ 及 b，$\beta=30°$，且 A 点在 B 点之前。求直线 AB 实长及 ab。

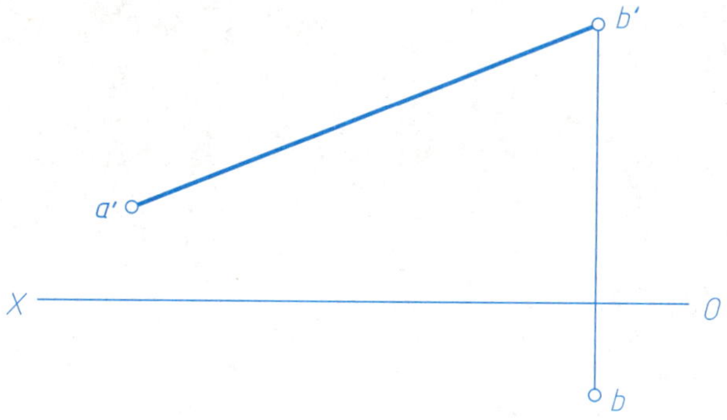

1.4 直线的投影(三)

8. 判别两直线的相对位置。

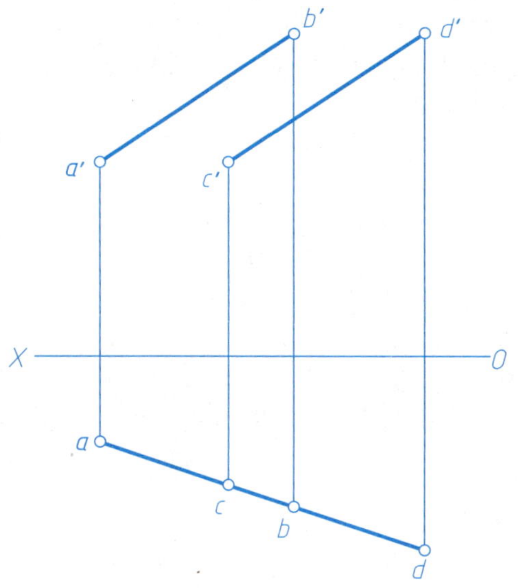

(1) AB 与 CD__________

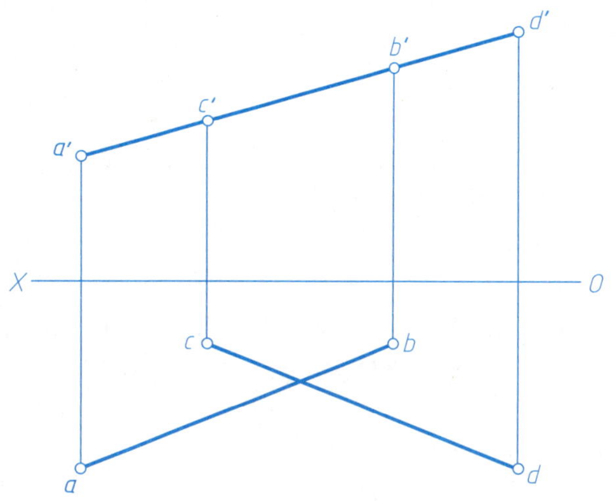

(2) AB 与 CD__________

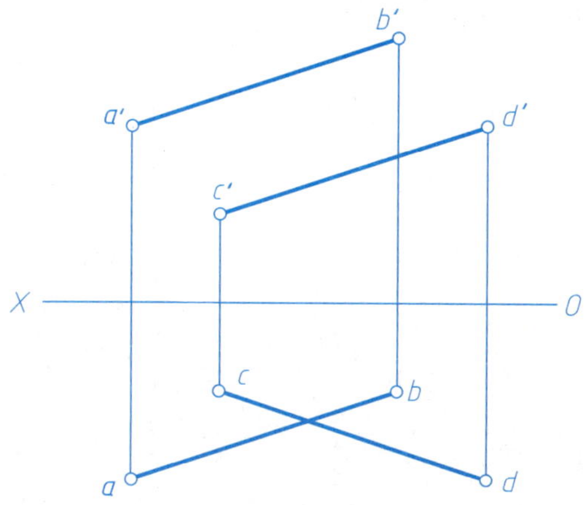

(3) AB 与 CD__________

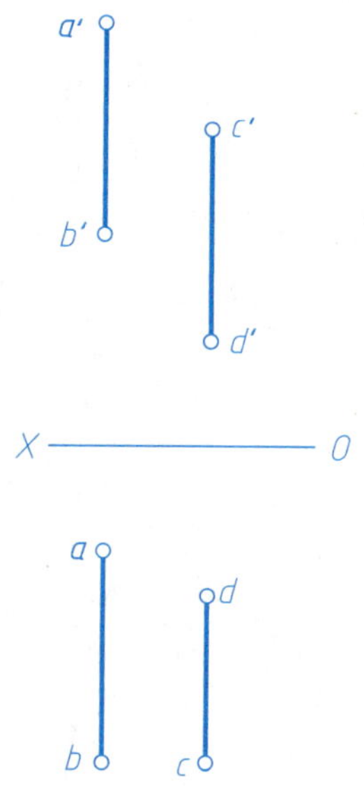

(4) AB 与 CD__________

9. 作直线 GH,使其与 EF 和 CD 相交且与 AB 平行。

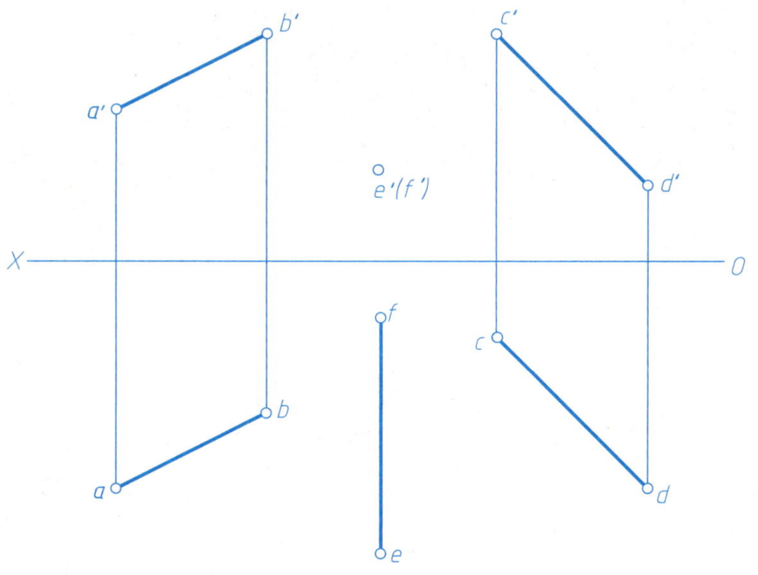

10. 过 K 点作一直线与 AB、CD 都相交。

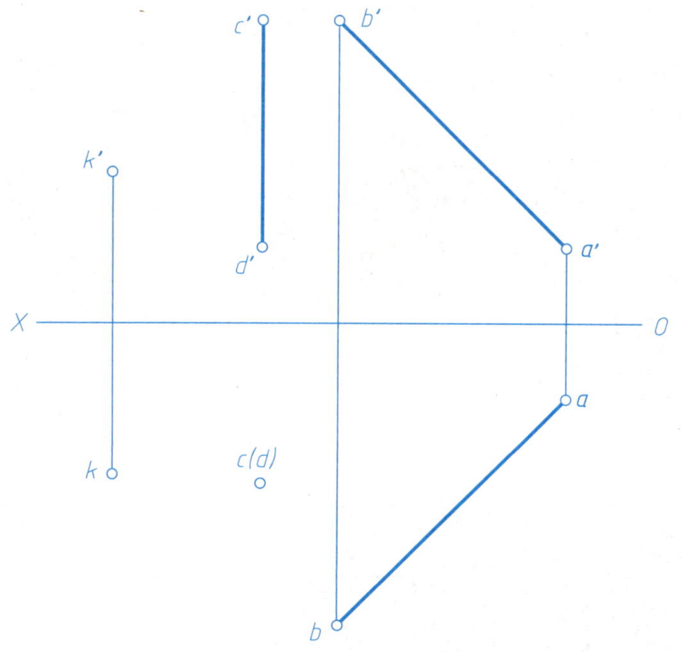

11. 判别交叉直线重影点的可见性。

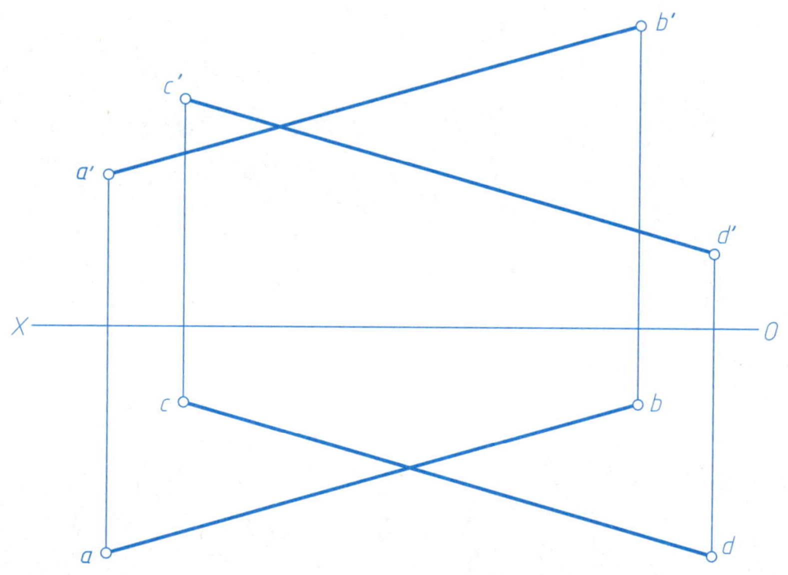

1.4 直线的投影(四)

12. 已知 *AB* 的 *H*、*V* 面投影和 *K* 点的 *V* 面投影,过 *K* 点作水平线 *KL* 与 *AB* 垂直相交,*L* 为垂足。

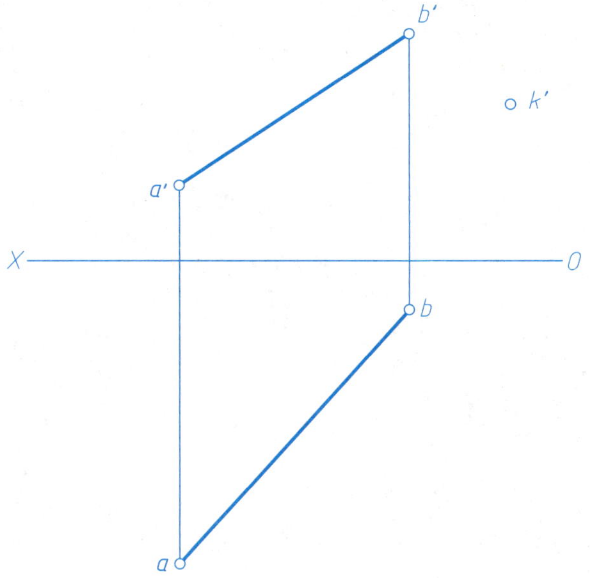

13. 已知如图,求 *M* 点到水平线 *AB* 的距离。

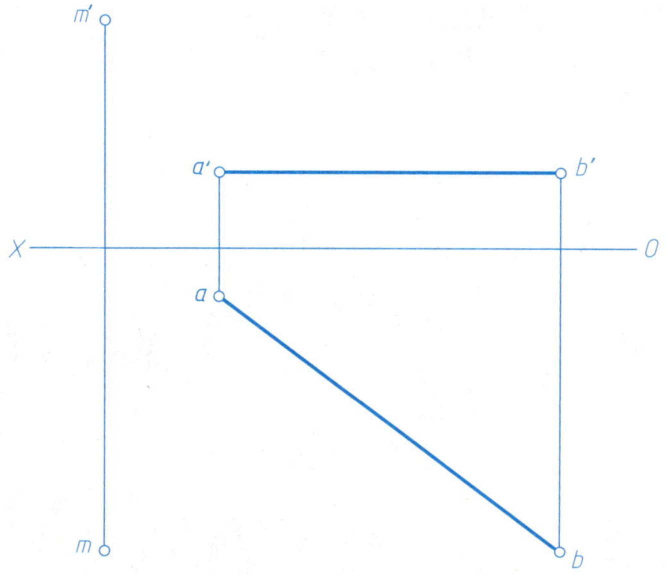

14. 已知如图,求 *N* 点到正平线 *AB* 的距离。

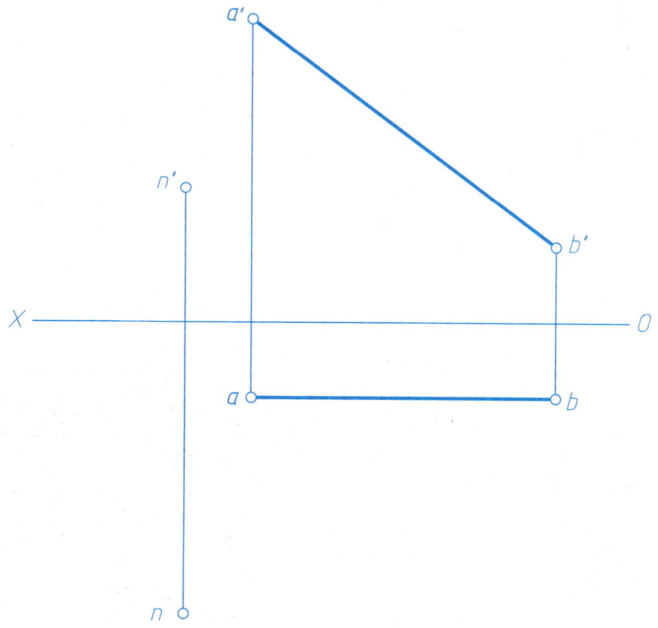

15. 已知如图,求直线 *AB* 与 *CD* 的距离。

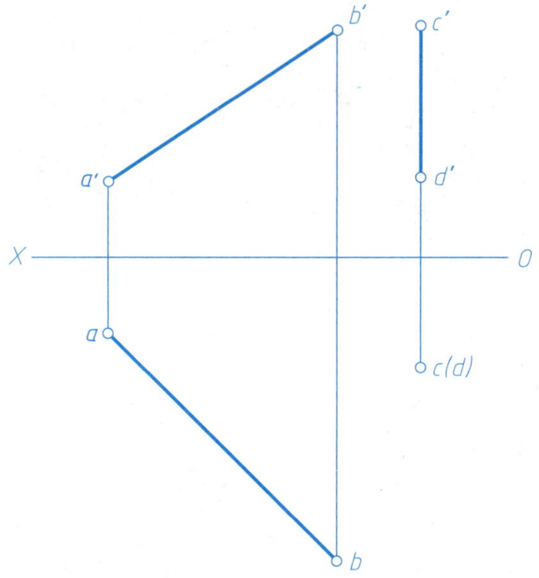

16. 已知等腰三角形 *ABC*, *C* 点在直线 *DE* 上, *AB*//*V*,求作三角形 *ABC* 的二面投影。

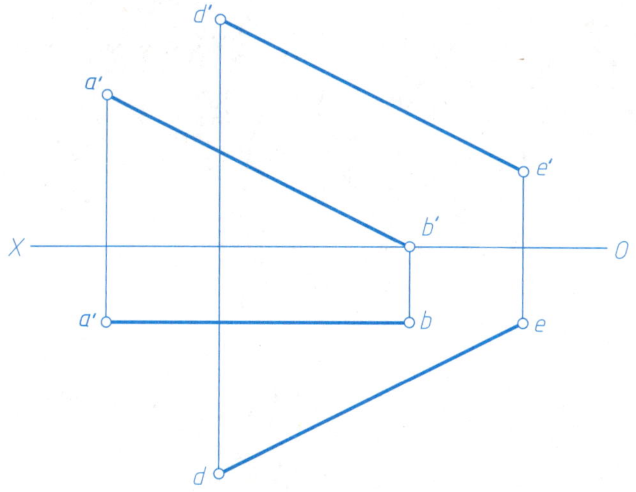

17. 已知 *AB*//*V*, *AB* 垂直于 *BC*, *BC*=30, *C* 点在 *V* 面上, *C* 点在 *B* 点之下,求直线 *BC* 的二面投影。

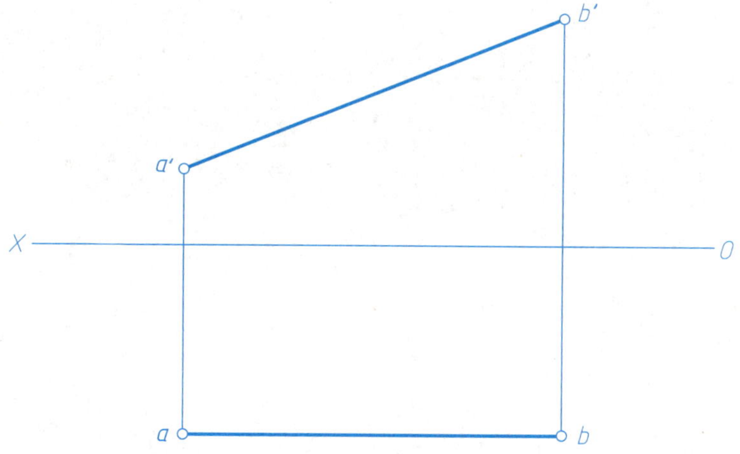

1 补出下列平面的第三投影,并判断平面与投影面的相对位置(填写平面名称)。

(1)

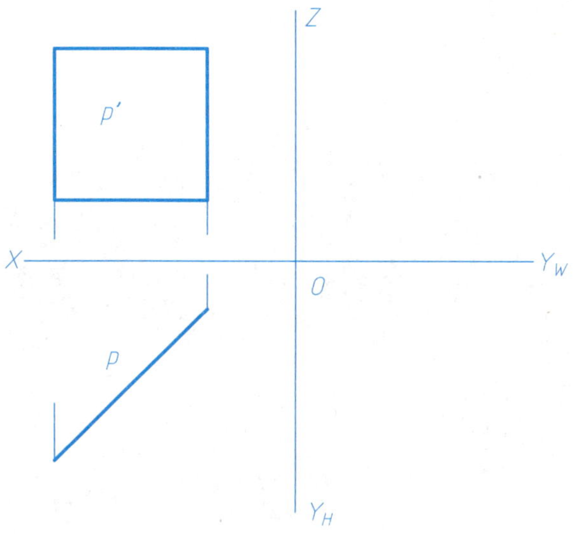

P 面是________

(2)

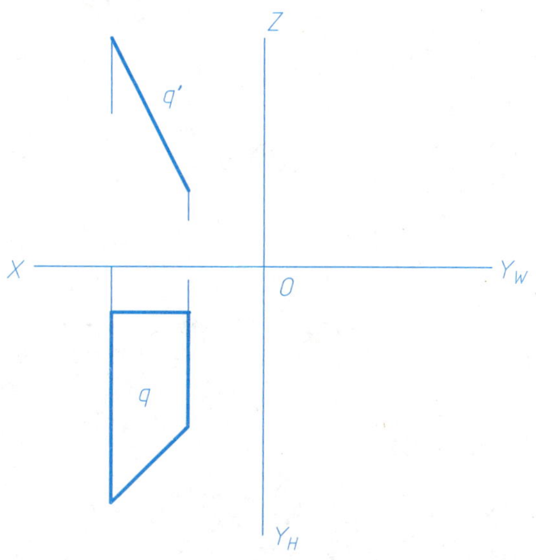

Q 面是________

(3)

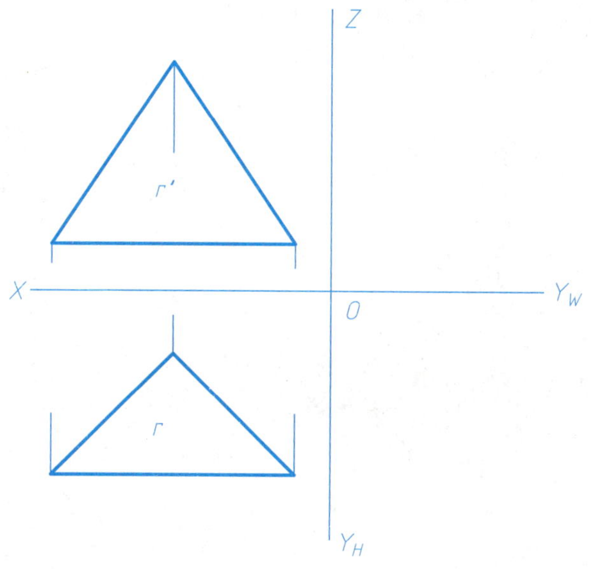

R 面是________

(4)

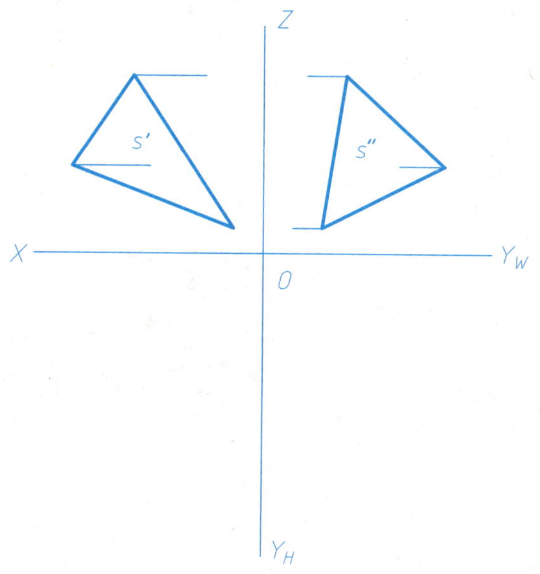

S 面是________

(5)

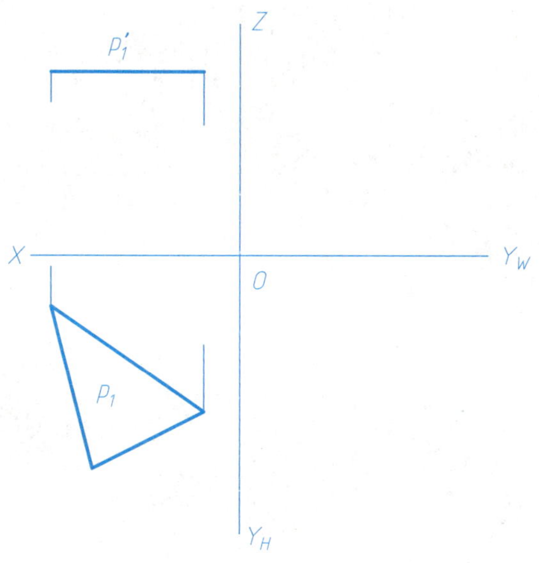

P_1 面是________

(6)

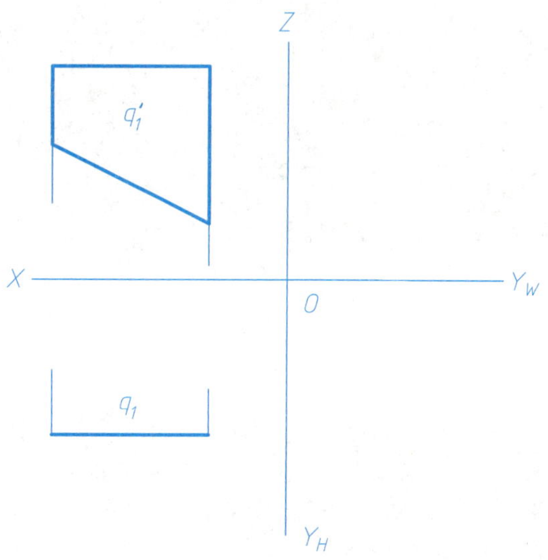

Q_1 面是________

(7)

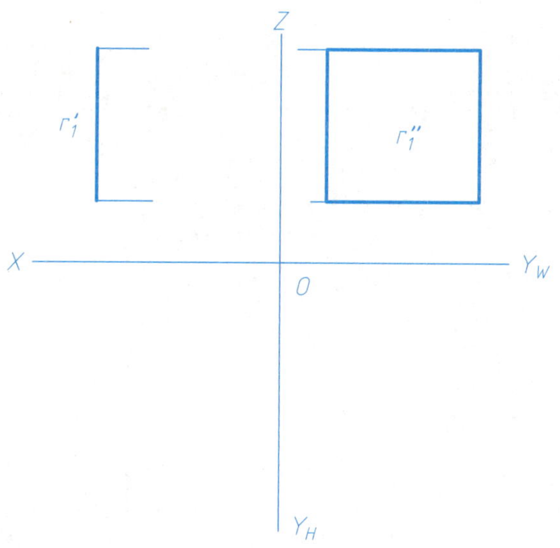

R_1 面是________

(8)

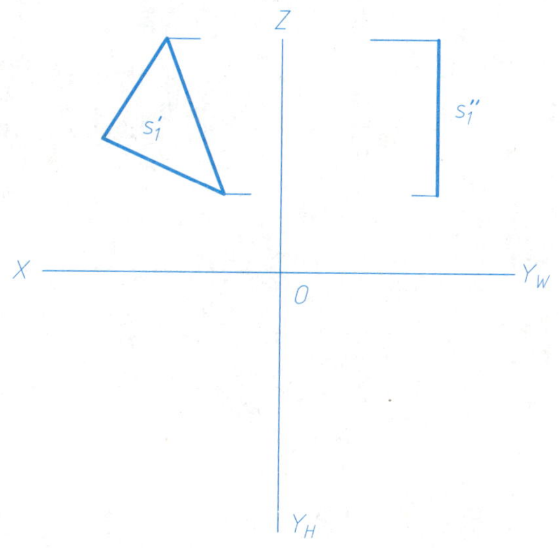

S_1 面是________

2. 求平面内点的另一个投影。

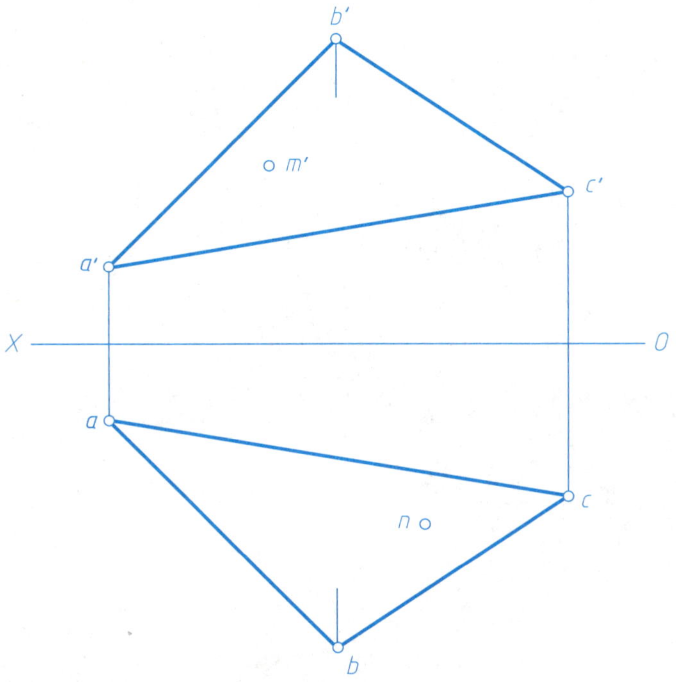

3. 求位于三角形 *ABC* 所在平面内的直线 *EF* 的 *H* 面投影。

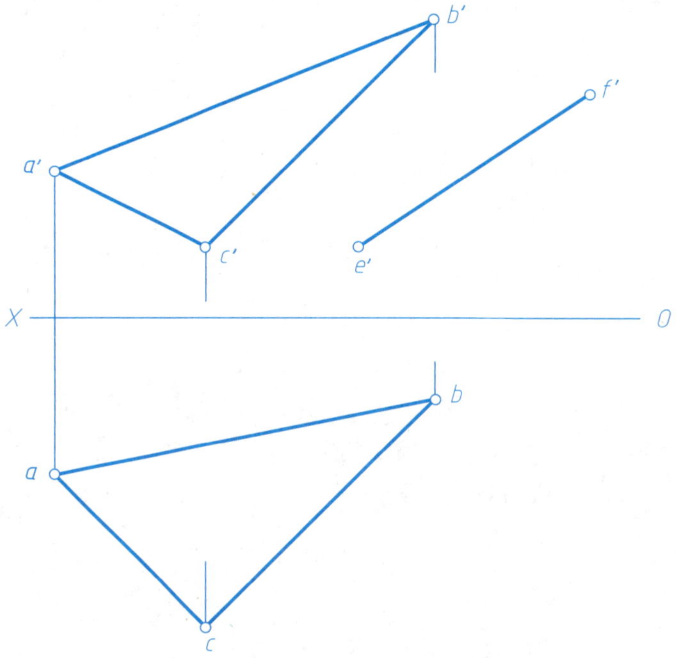

4. 求平面 *ABCD* 内字母 *A* 的另一个投影。

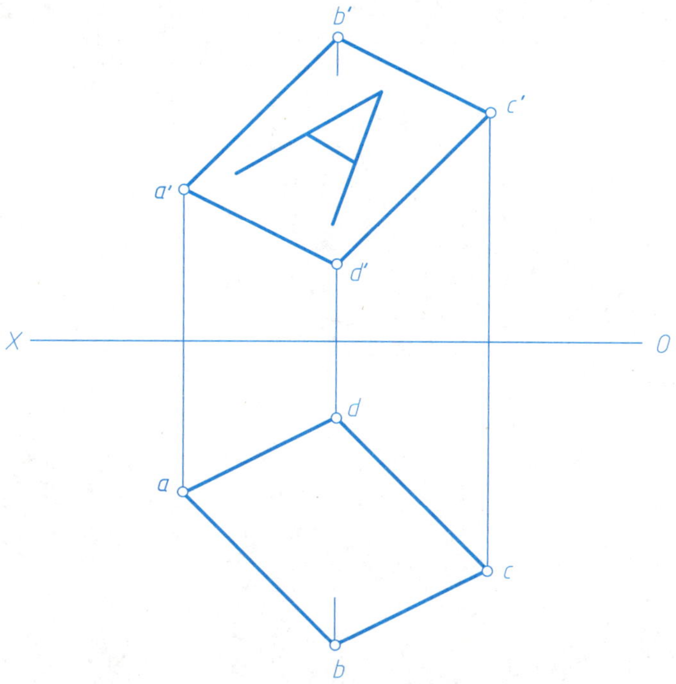

5. 求三角形 *ABC* 对 *H* 面的倾角 *α*。

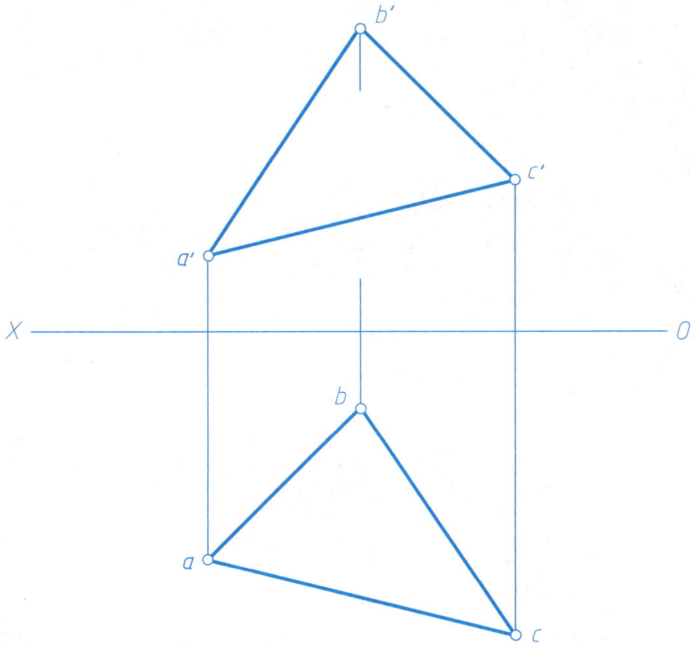

6. 求三角形 *ABC* 对 *V* 面的倾角 *β*。

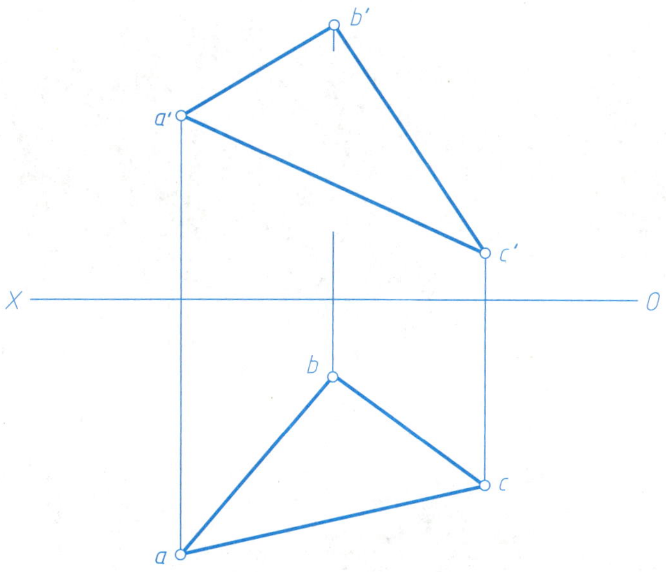

7. 已知如图，求作对 *H* 面的倾角 *α*=60° 的等腰三角形 *ABC*，其顶点 *C* 在 *V* 面上。

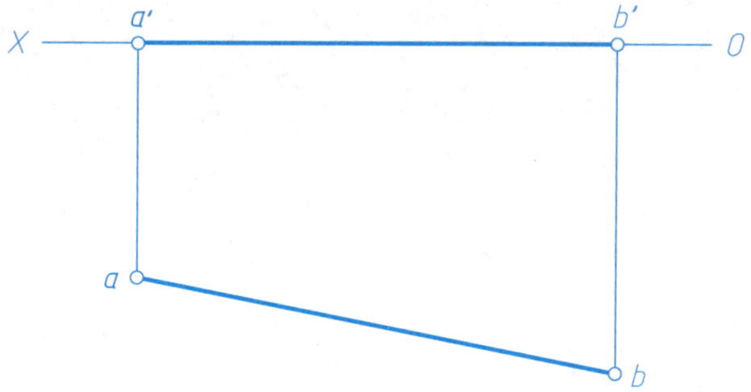

2.1 求平面立体及其被平面截切后的投影

1. 已知正三棱柱的 H 面投影，高为 36 mm，作出正三棱柱的 V、W 面投影。

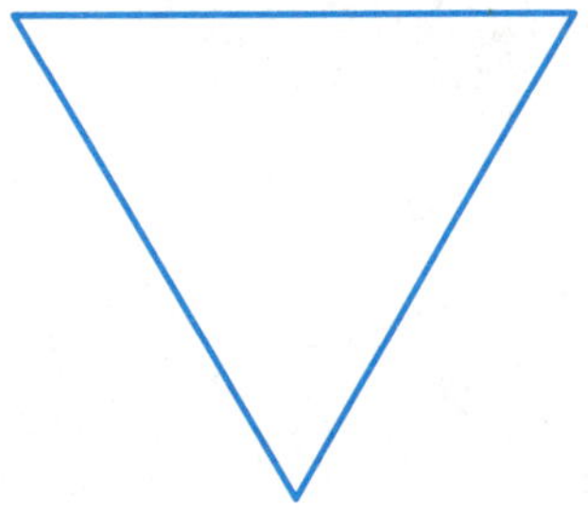

2. 已知正四棱锥的 H 面投影，高为 36 mm，作出正四棱锥的 V、W 面投影。

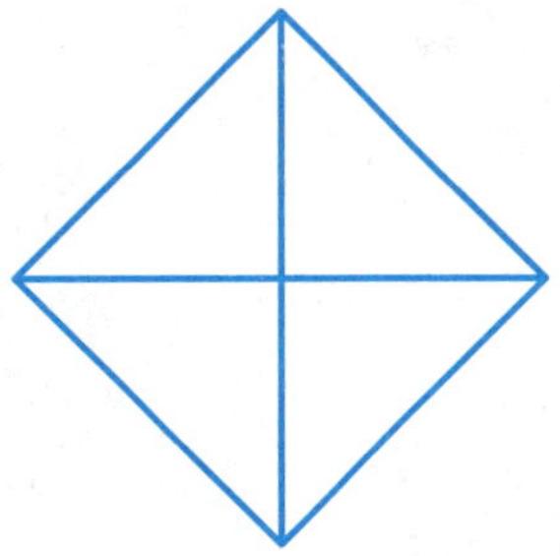

3. 已知如图，作出三棱柱的 H 面投影及其表面上点的另外两面投影。

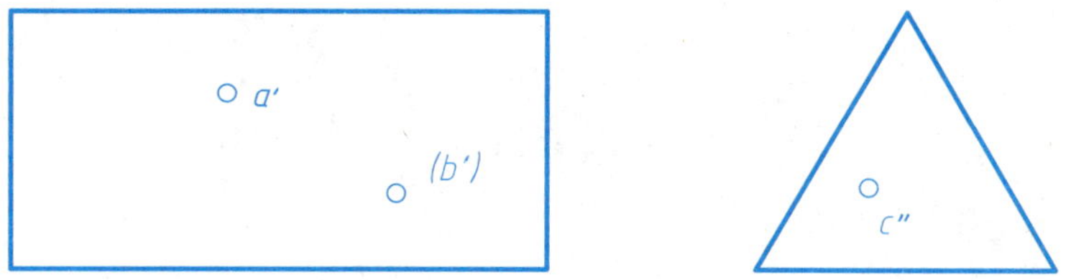

4. 已知如图，作出三棱锥的 W 面投影和表面上点的另两面投影。

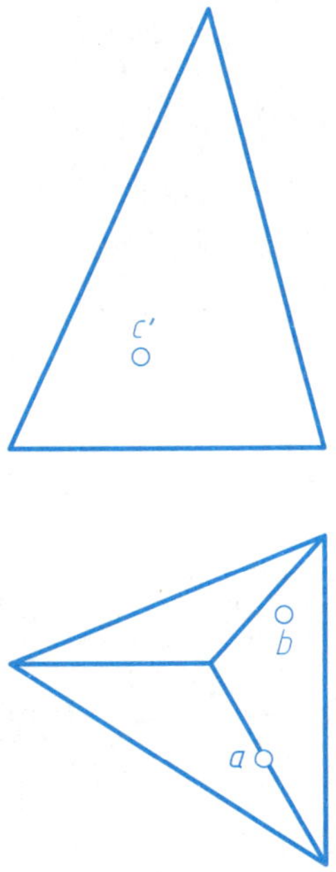

5. 完成四棱锥被截割后的 H、W 面投影。

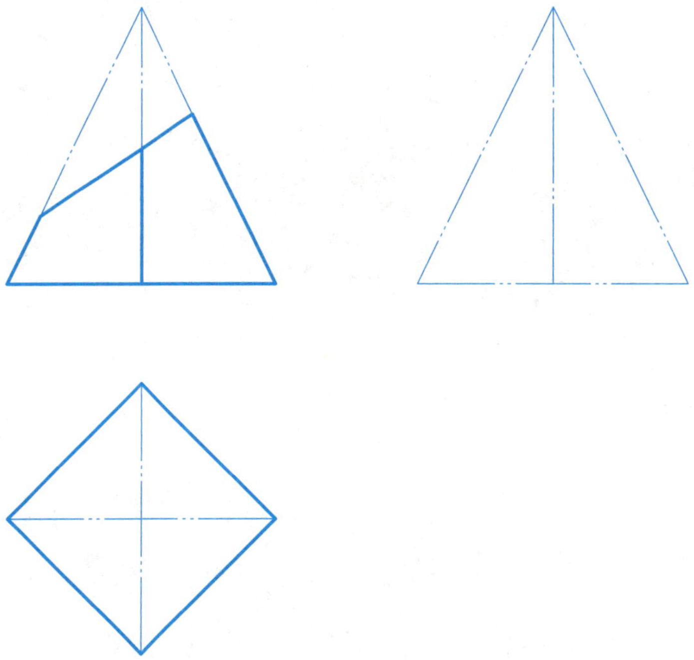

6. 完成带缺口的四棱柱的 H、W 面投影。

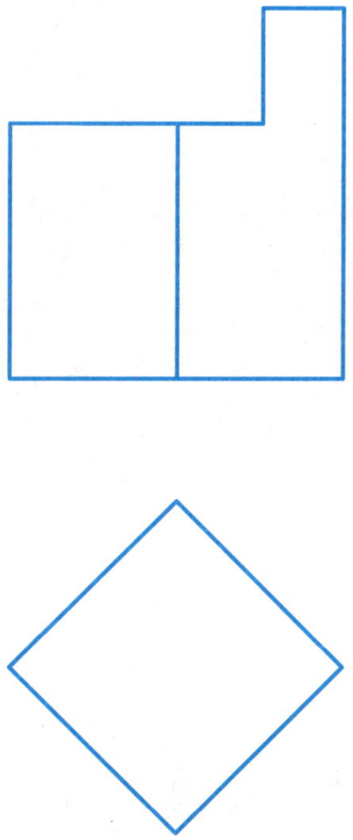

2.2 求两平面立体相交后的投影

1. 补全两四棱柱相贯后的 V 面投影。

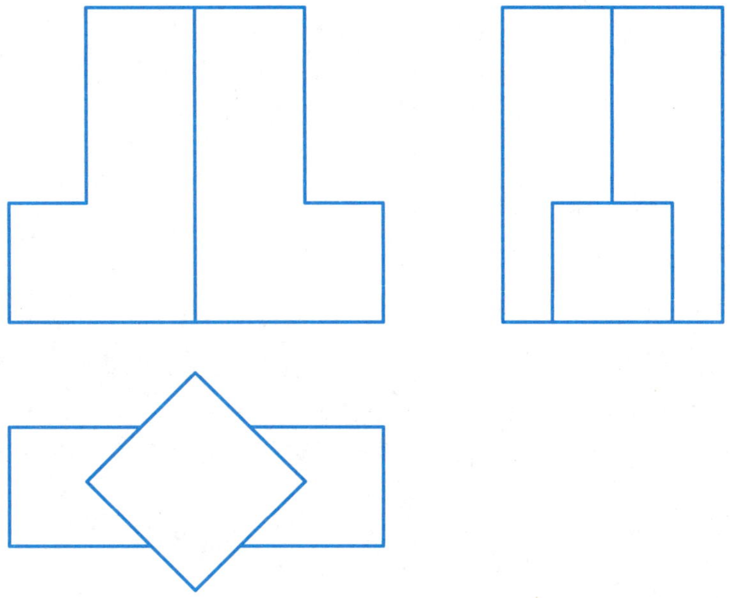

2. 补全三棱柱与四棱柱相贯后的 V 面投影。

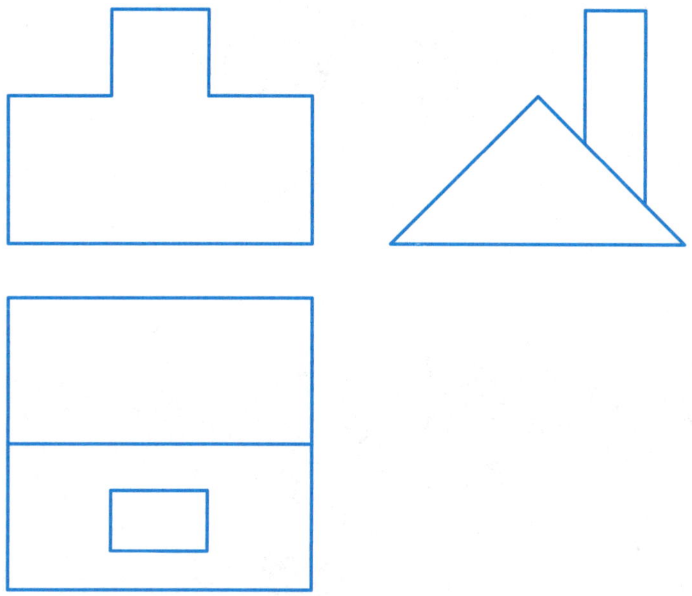

3. 画出烟囱、虎头窗与屋面的交线，并补全虎头窗的 H 面投影。

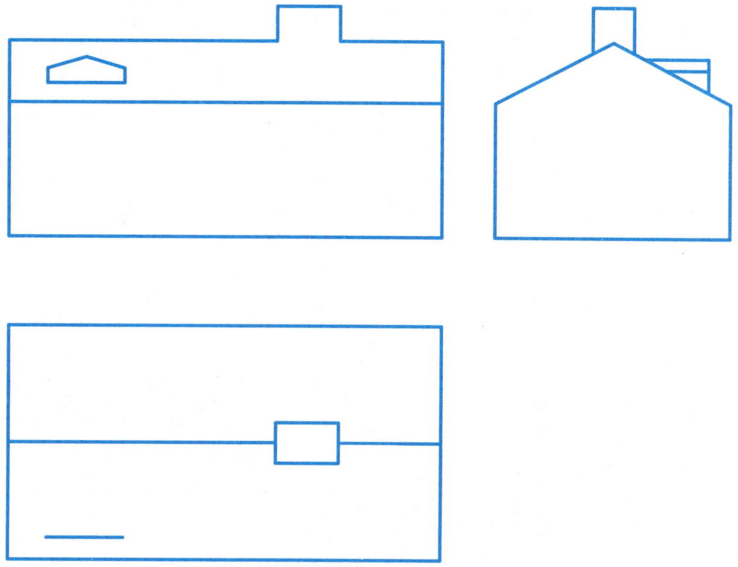

4. 补全两三棱柱相贯后的 V 面投影。

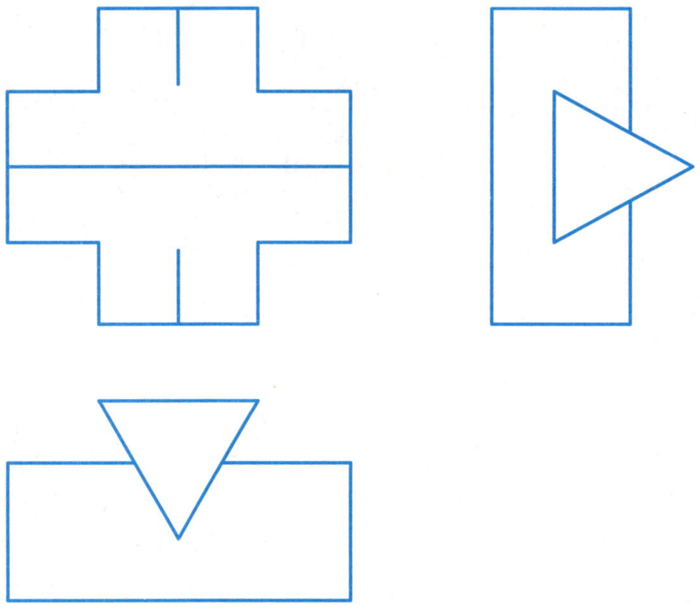

5. 完成三棱锥与三棱柱相贯后的 H、V 面投影。

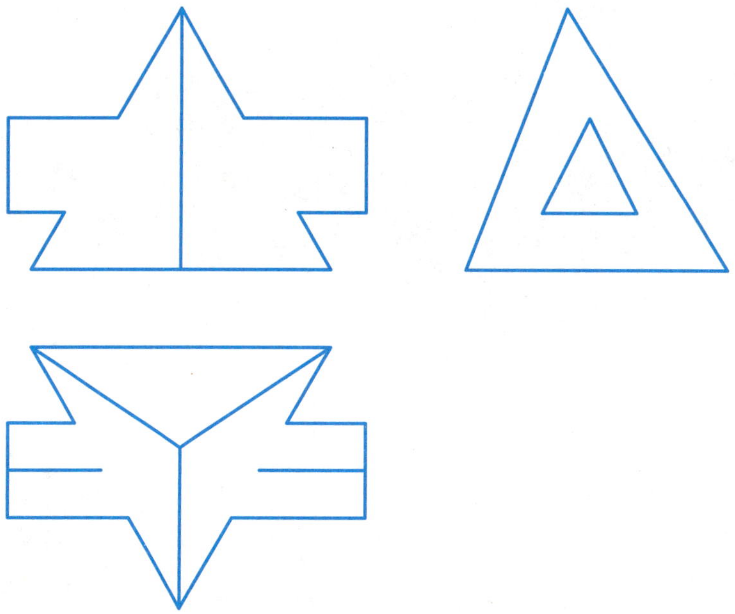

6. 完成三棱锥被左右贯通三棱柱孔后的 H、V 面投影（参照 5 题）。

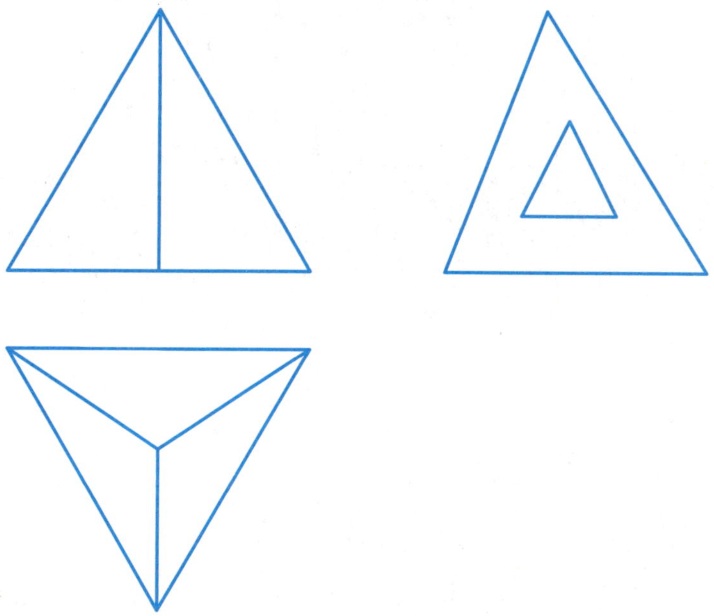

2. 平面立体	专业		班级		姓名		学号		日期		成绩		11

3.1 圆、回转体及其表面上的点的投影

1. 已知圆所在的平面 P 平行于 V 面，直径为 30 mm，又知圆心的三面投影，完成圆的三面投影。

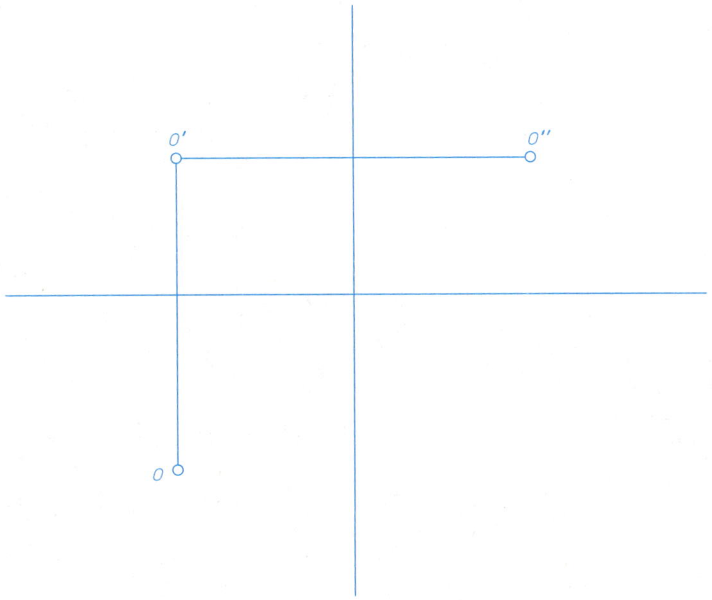

2. 已知圆柱高 40 mm，轴线垂直于 H 面，完成圆柱的 V、W 面投影。

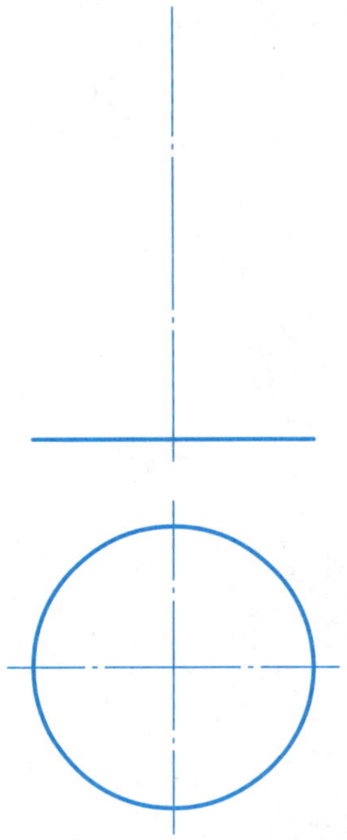

3. 已知圆柱轴线垂直于 W 面，完成圆柱及其表面上点的 H、W 面投影。

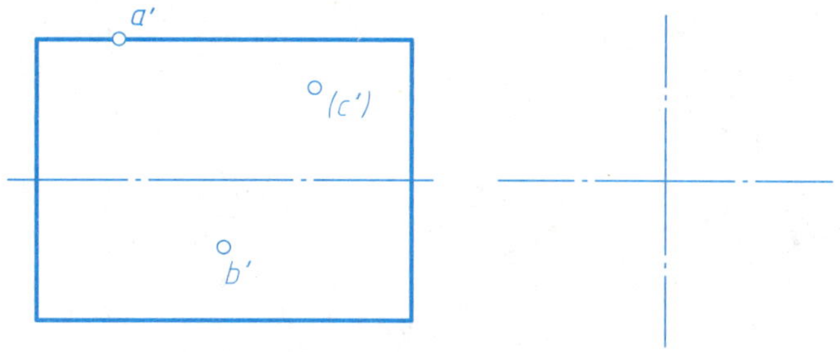

4. 已知如图，完成圆锥及其表面上点的各面投影。

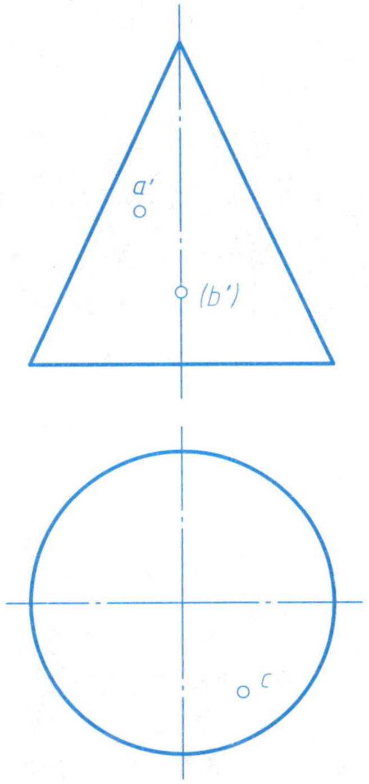

5. 已知如图，完成圆锥及其表面上点的各面投影。

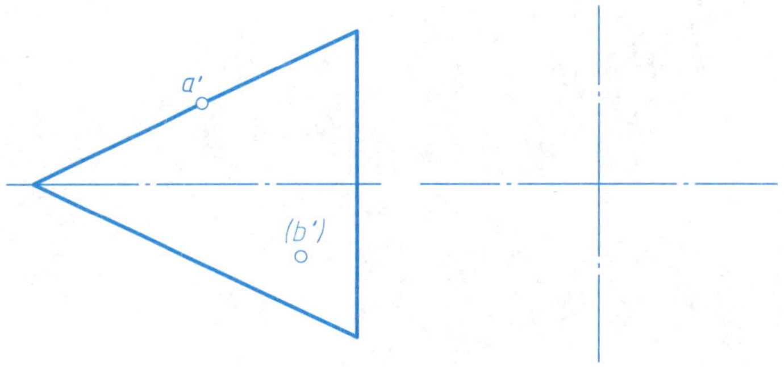

6. 补出圆球的 H 面投影，并求圆球表面上点的另两面投影。

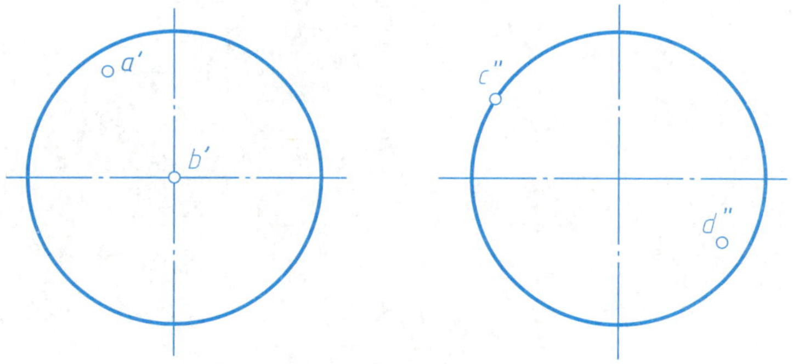

3.2 圆柱、圆锥被截割的投影

1. 补出圆柱被平面截割后的 *W* 面投影。

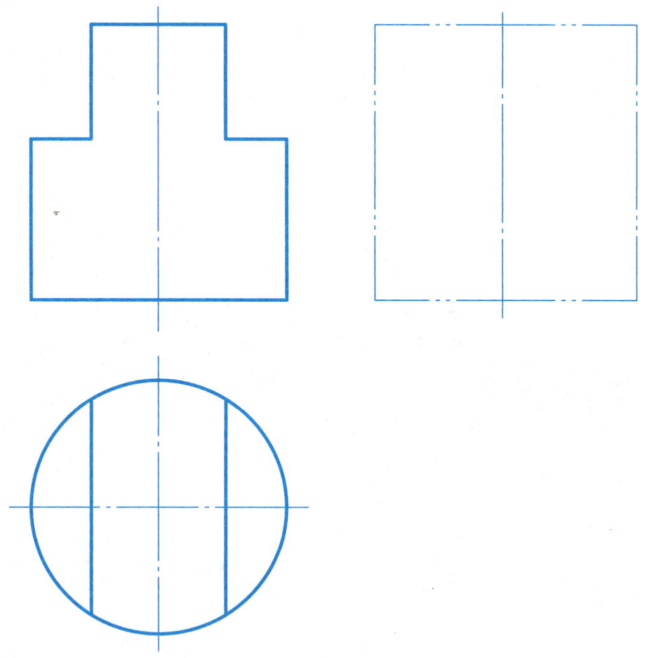

2. 补出圆柱被平面截割后的 *W* 面投影。

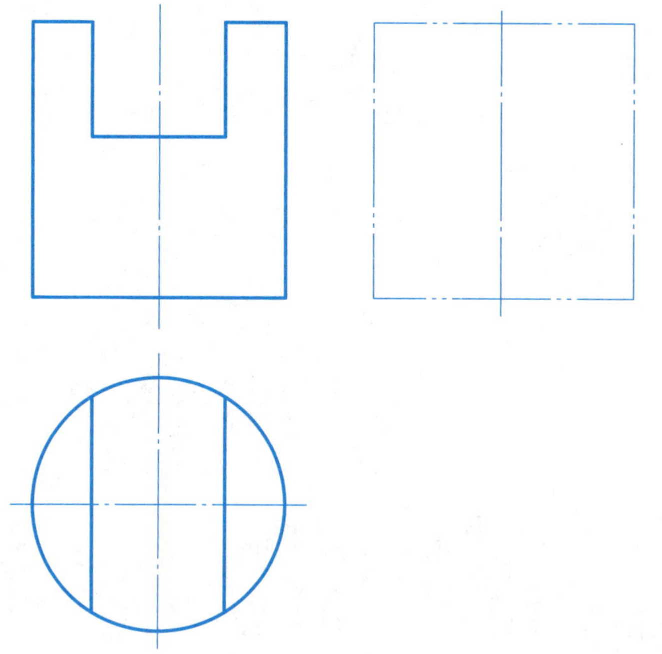

3. 完成圆柱被截割后的 *H*、*W* 面投影。

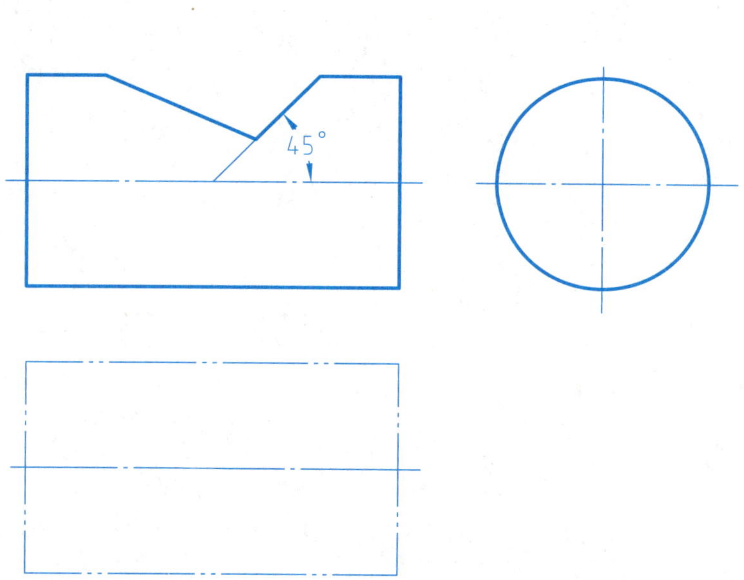

4. 补出圆锥被截割后的 *H* 面投影。

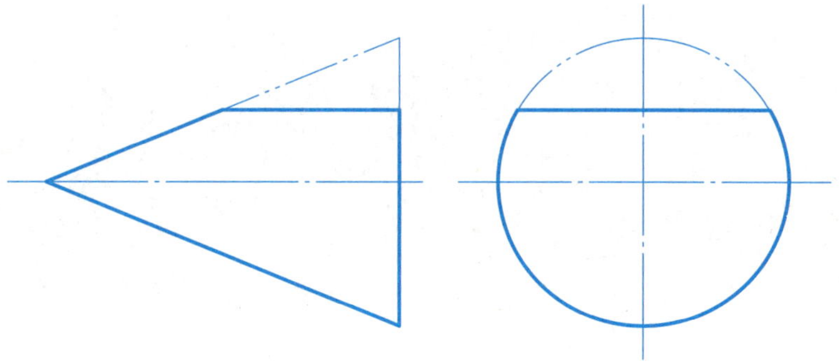

5. 完成圆锥被截割后的 *H*、*W* 面投影。

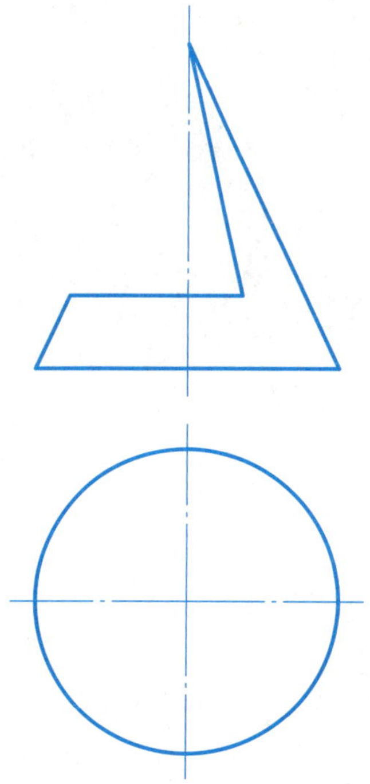

6. 完成圆锥被截割后的 *H*、*W* 面投影。

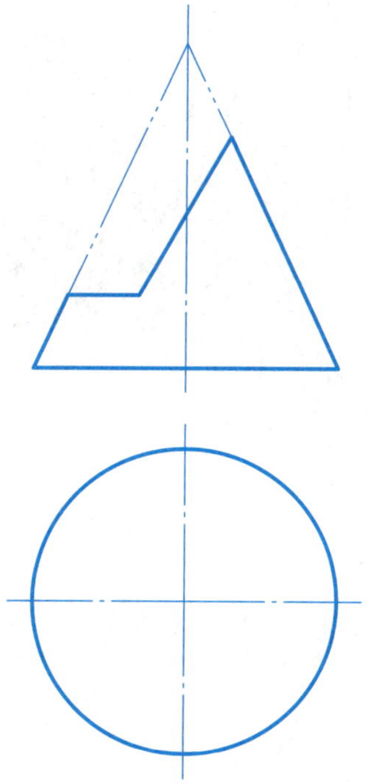

3.3 球被截割及两立体相贯后的投影

1. 完成圆球被截割后的 *H*、*W* 面投影。

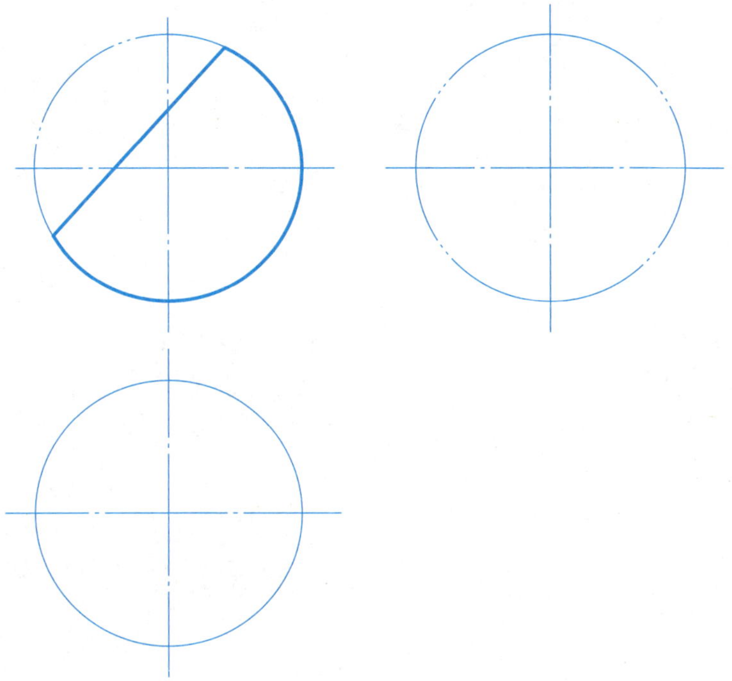

2. 完成带缺口的半球的 *H*、*W* 面投影。

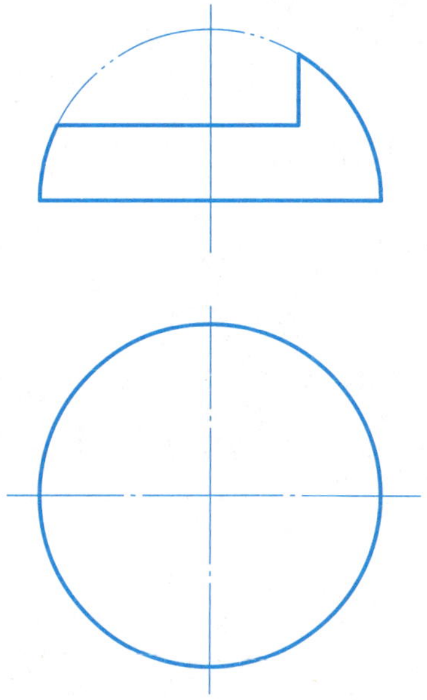

3. 求圆球被穿孔后的 *V*、*W* 面投影。

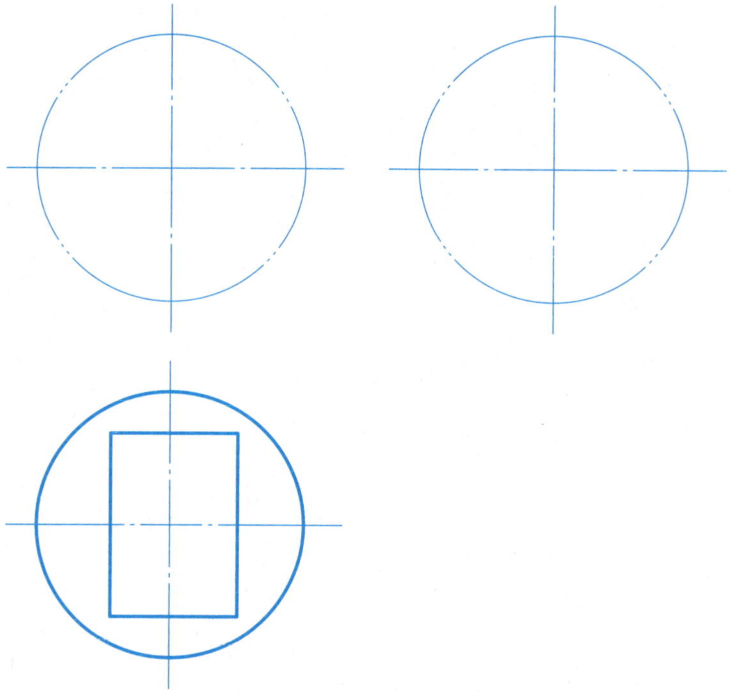

4. 完成圆柱与四棱锥相贯后的 *V* 面投影。

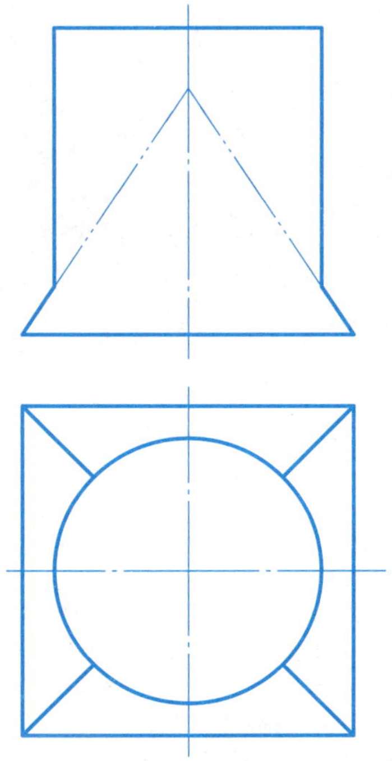

5. 完成圆锥与四棱柱相贯后的 *V* 面投影，并作出 *W* 面投影。

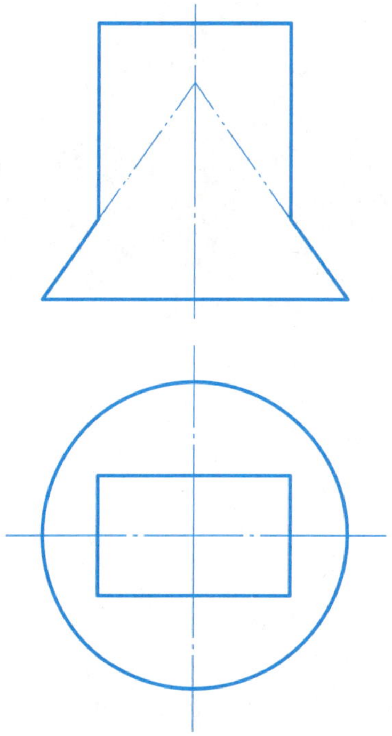

6. 完成半球与四棱柱相贯后的 *V* 面投影。

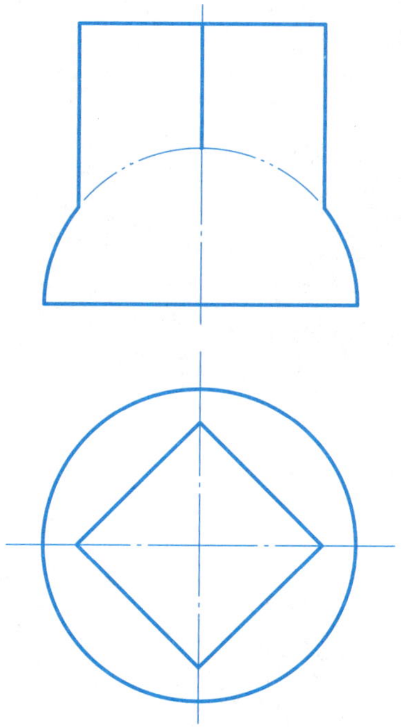

3.4 立体相贯后的投影

1. 求半圆柱与圆柱相贯线的投影。

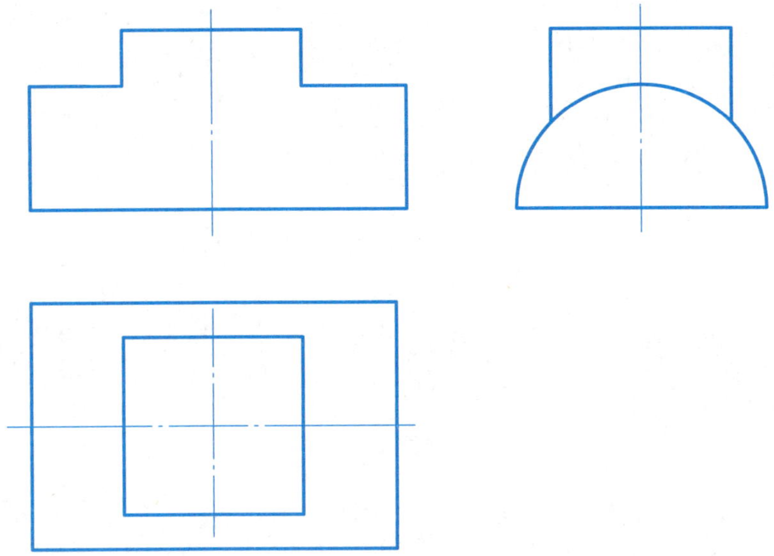

2. 求半圆柱与圆柱相贯线的投影。

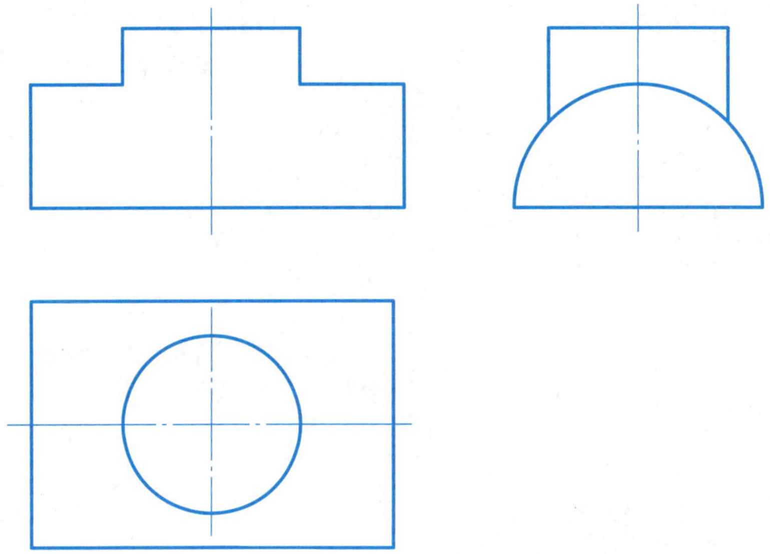

3. 求两圆柱相贯线的投影。

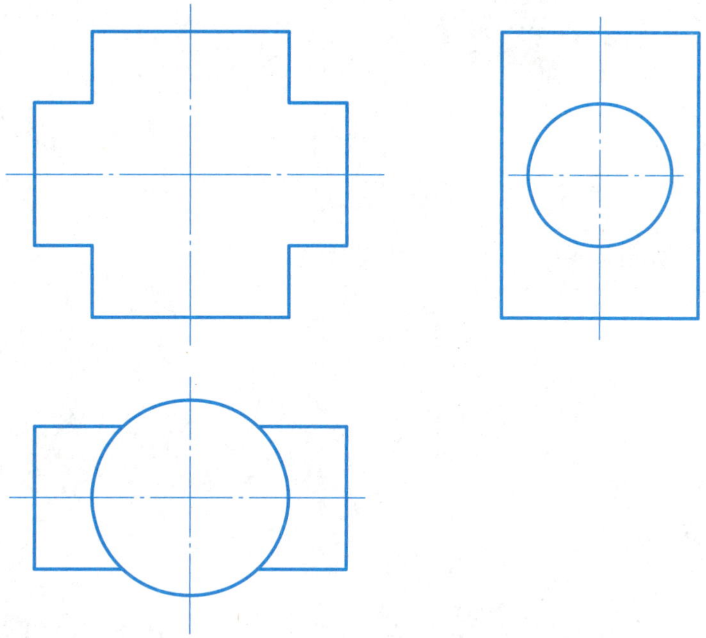

4. 求共轴回转体相贯线的投影。

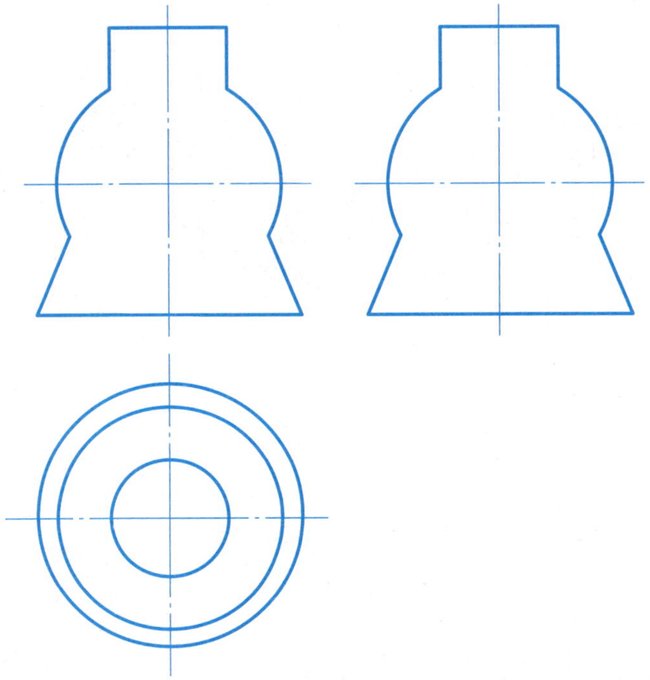

5. 求两等直径的圆柱的相贯线。

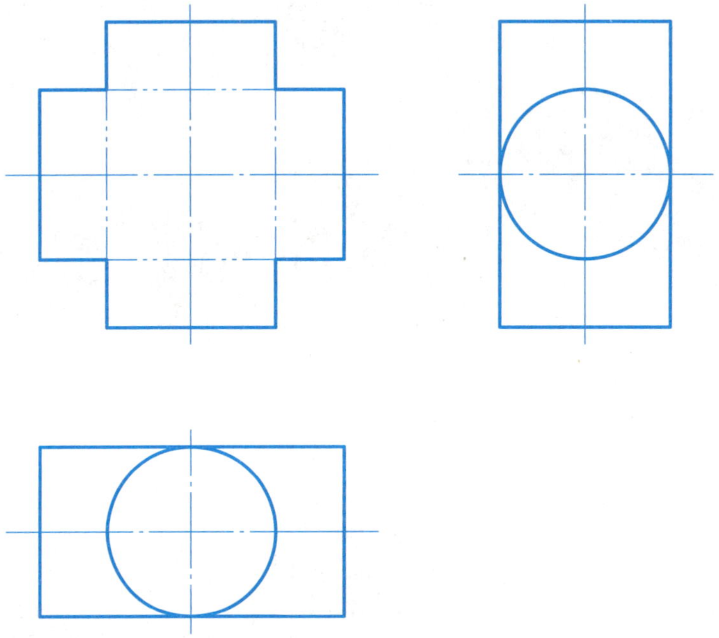

6. 求两等直径的半圆柱的相贯线。

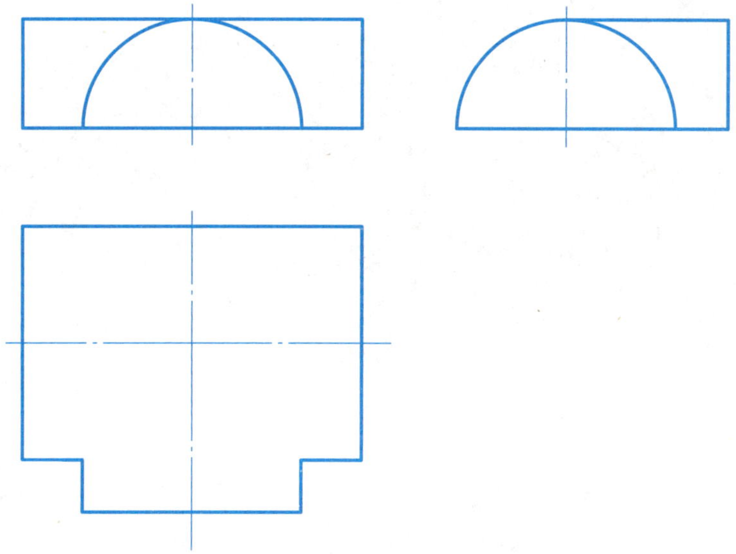

1.

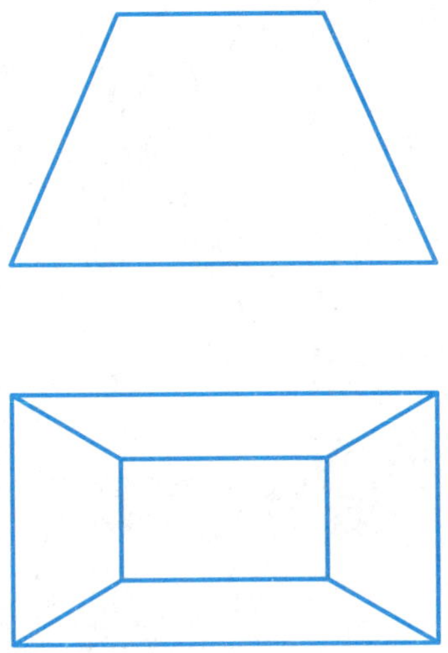

2.

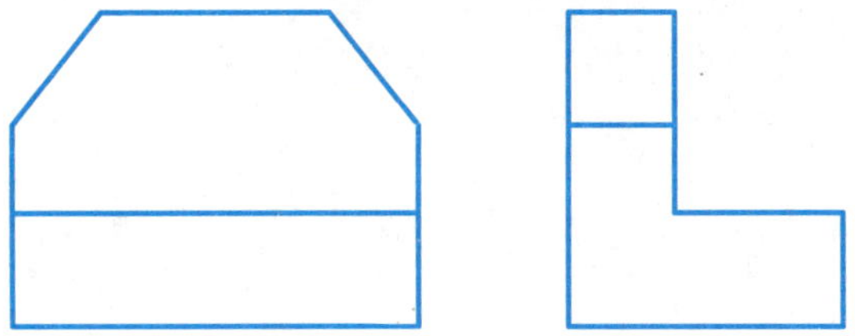

3.

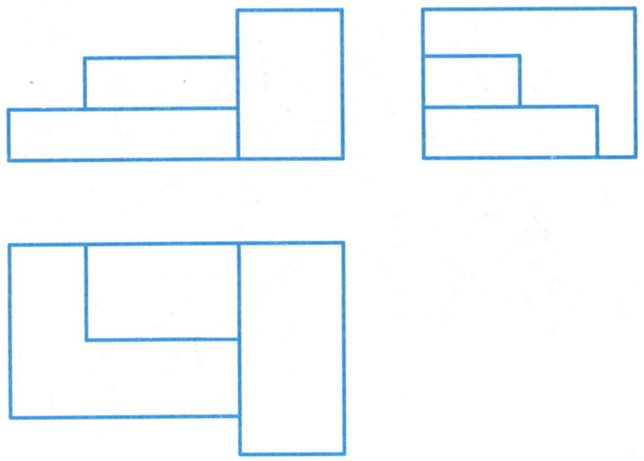

4.

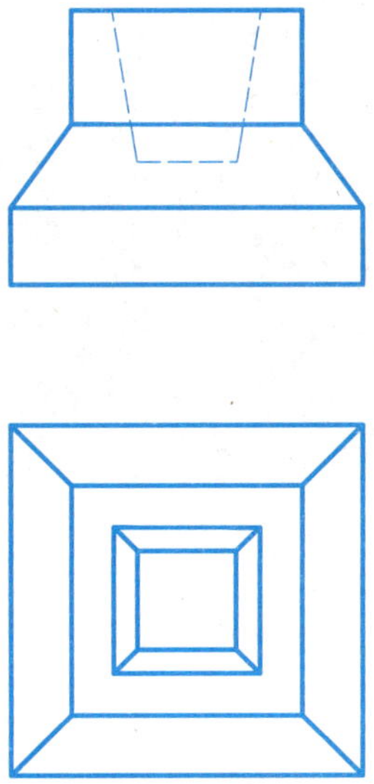

4.2 画出曲面立体的轴测图

1. 画正等测。

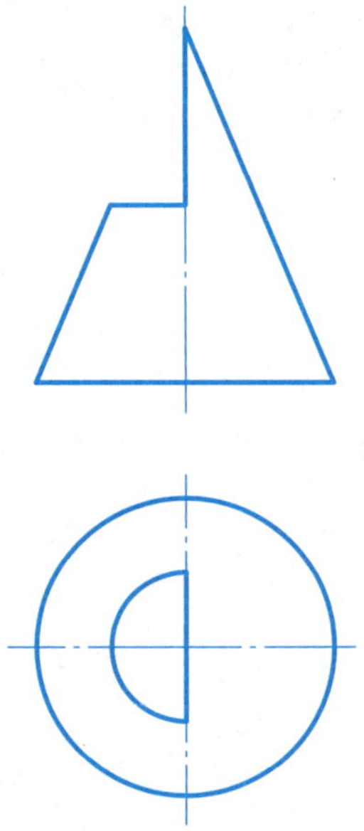

2. 画正等测。

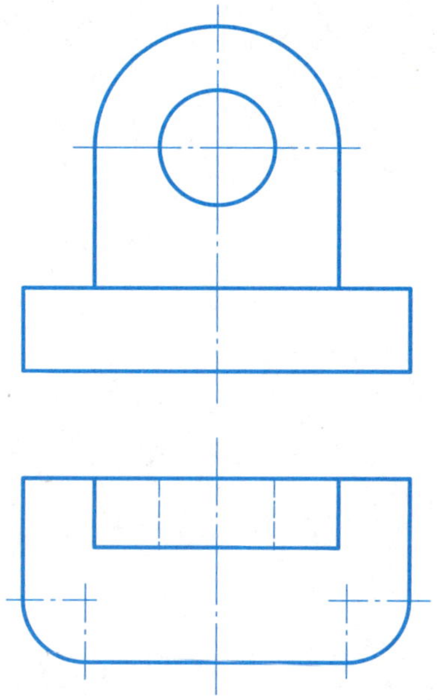

3. 画斜二测。

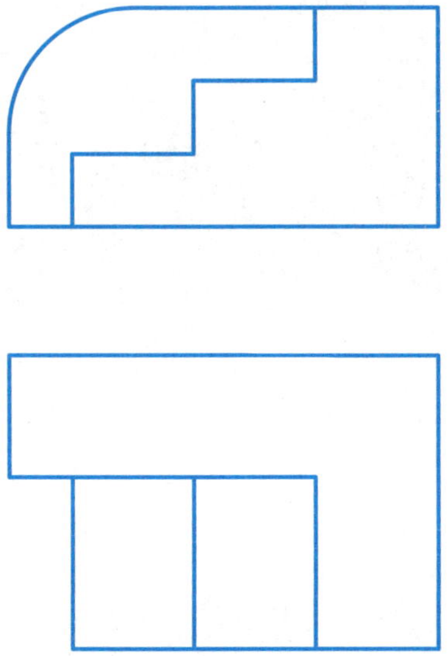

4. 画斜二测。

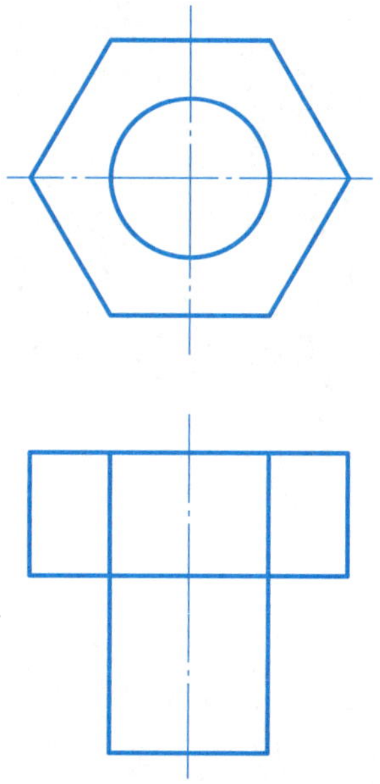

4.3 根据投影图作轴测图（种类自定）

1.

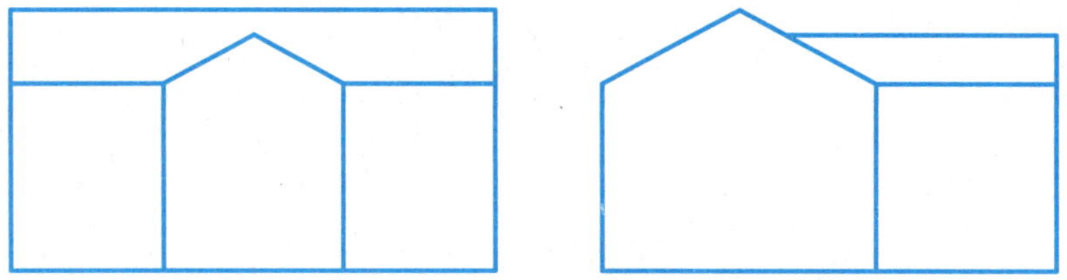

2.

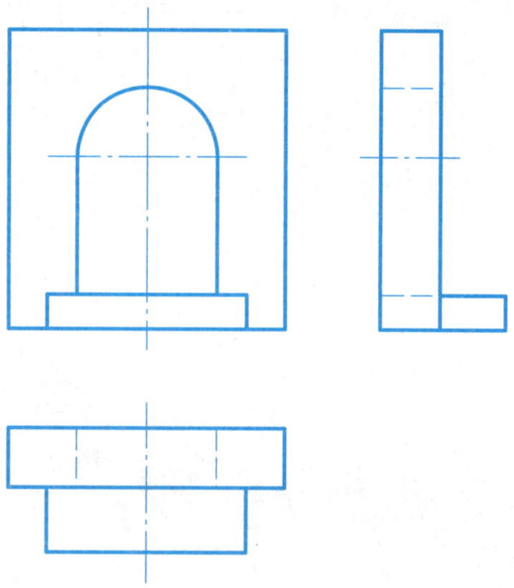

3.

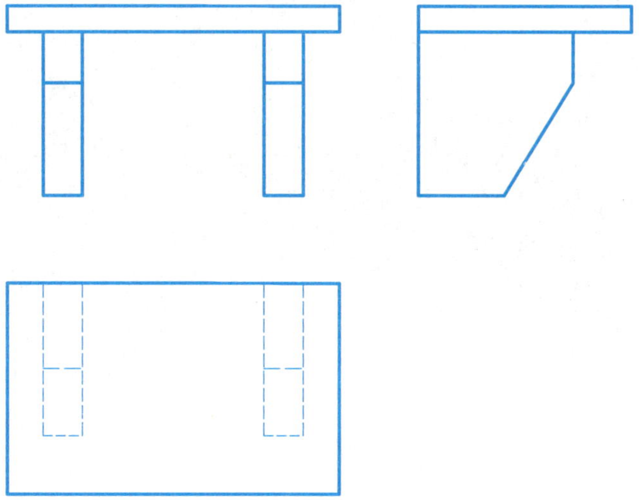

4.

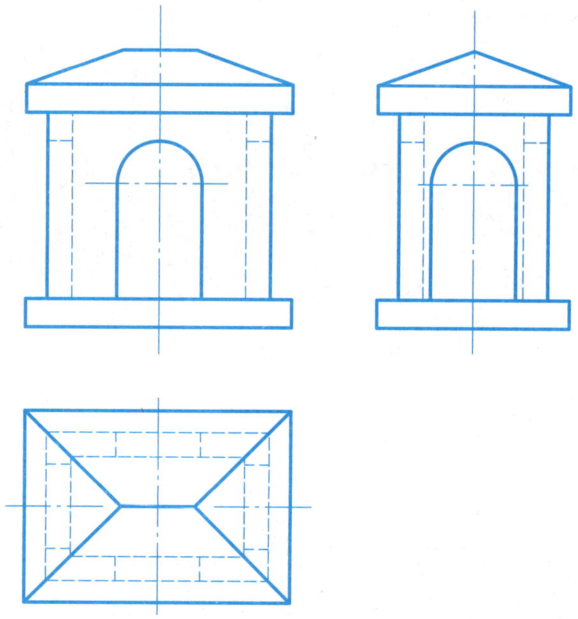

建筑制图工程民用房屋平立剖东南西北设计说明基础墙柱梁板楼梯框承重结构

图纸总平比例尺卫厨藏吊顶龙踢标木石落暗井斜坡厦企口管道施工审定日期泥

钢筋混凝土水灰浆玻璃马赛克门窗阳台雨篷勒脚防潮层散洞沟槽长宽厚标高形状大小体积轴线垂直前后左右中

A B C D E F F G H I J K L M N O P Q R S T U V W X Y Z 1 2 3 4 5 6 7 8 9 0

A B C D E F F G H I J K L M N O P Q R S T U V W X Y Z 1 2 3 4 5 6 7 8 9 0

abcdefghijklmnopqrstuvwxyz

I II III IV V VI VII VIII IX X R ϕ 1 2 3 4 5 6 7 8 9 0

城市建设环境保护道路桥梁给排水电气造价管理专业技术班级高等学校国家强

5.2 图线练习

1. 依照图示的图线过各等分点画相同图线的平行线。

2. 依照左边的图线过各等分点画相同图线的平行线。

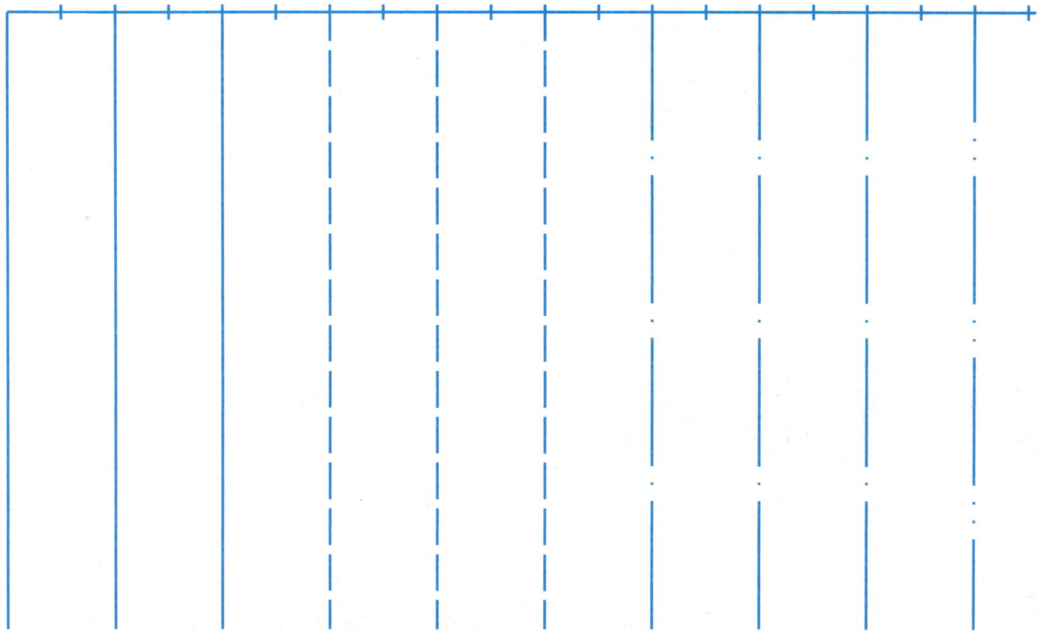

3. 完成图形中左右对称的各种图线。

5. 制图基本知识	专业		班级		姓名		学号		日期		成绩		21

在下图中按照右上图所示，标注尺寸界线、尺寸线、尺寸起止符号，并注写尺寸数字。

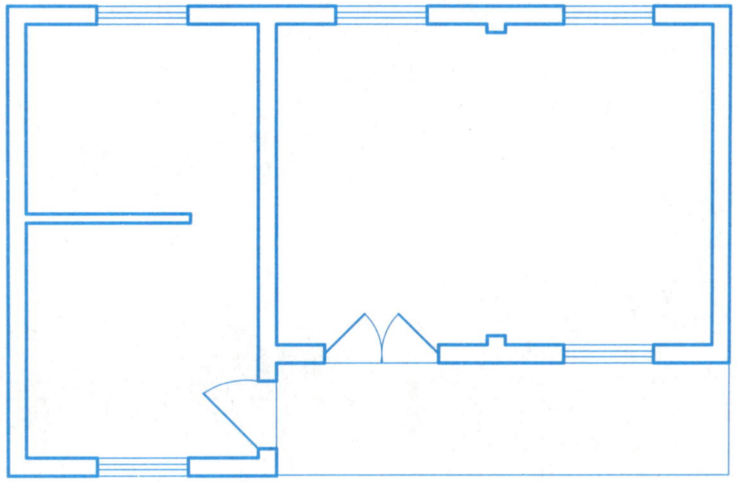

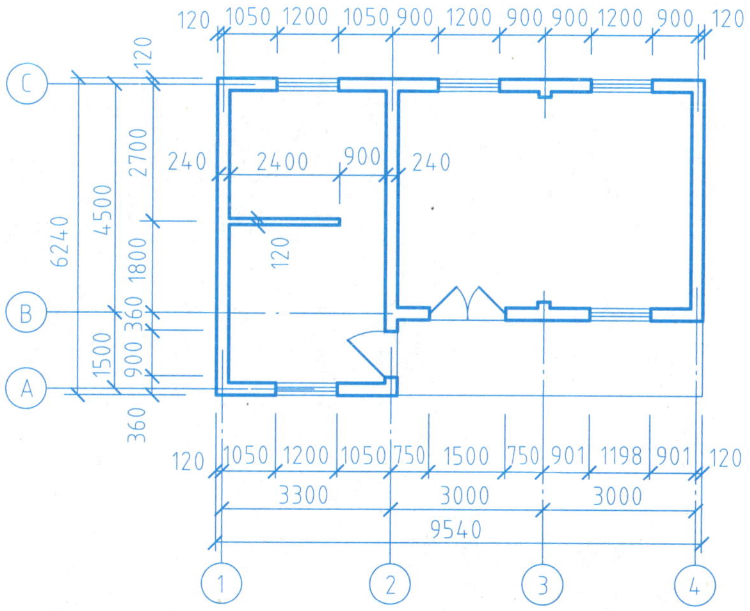

平面图 1:150

5.4 圆弧连接

1. 完成下列图中的圆弧连接(比例 1 ∶ 1),并标出连接弧圆心和切点。

2. 完成下列图中的圆弧连接(比例 1 ∶ 1),并标出连接弧圆心和切点。

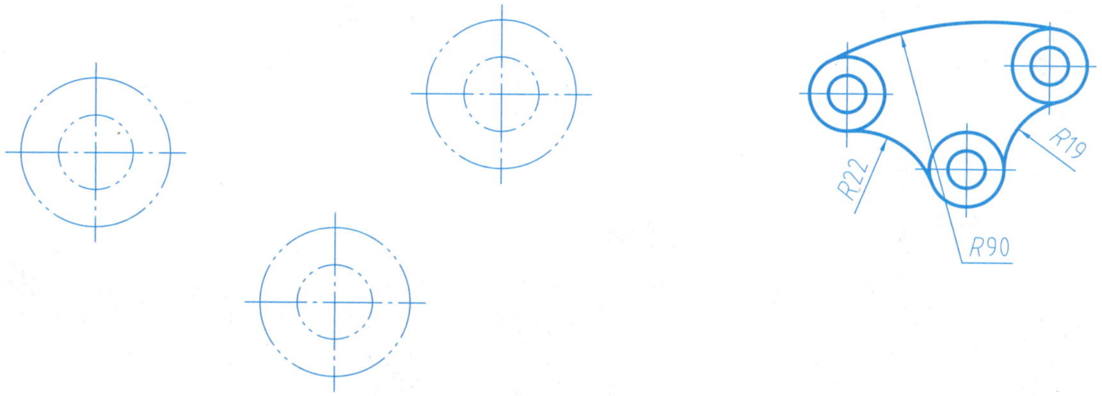

3. 等分下列圆周,并作圆内接多边形。

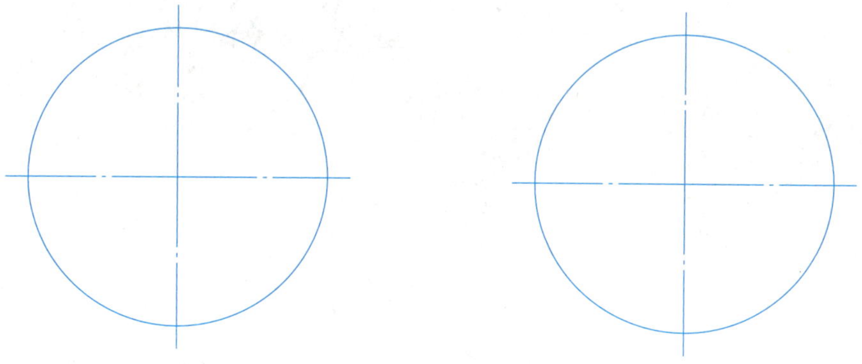

(a) 五等分　　(b) 六等分

综合训练作业指导

一、目的

初步掌握建筑制图国家标准有关内容,掌握绘图仪器和工具的正确使用方法。

二、要求

1. 用 A3 图纸抄画所给图形,不标注尺寸。
2. 绘图比例:图 1 用 1 : 1 绘制,图 2 用 1 : 50 绘制。
3. 标题栏采用教材中推荐的学生作业用标题栏。

三、作业指导

1. 认真阅读教材"5.5 绘图的一般步骤"一节的内容。
2. 按所给的图形尺寸及要求的绘图比例布图,确定作图的基准线。
3. 用铅笔加深图线之前,一定要认真检查。

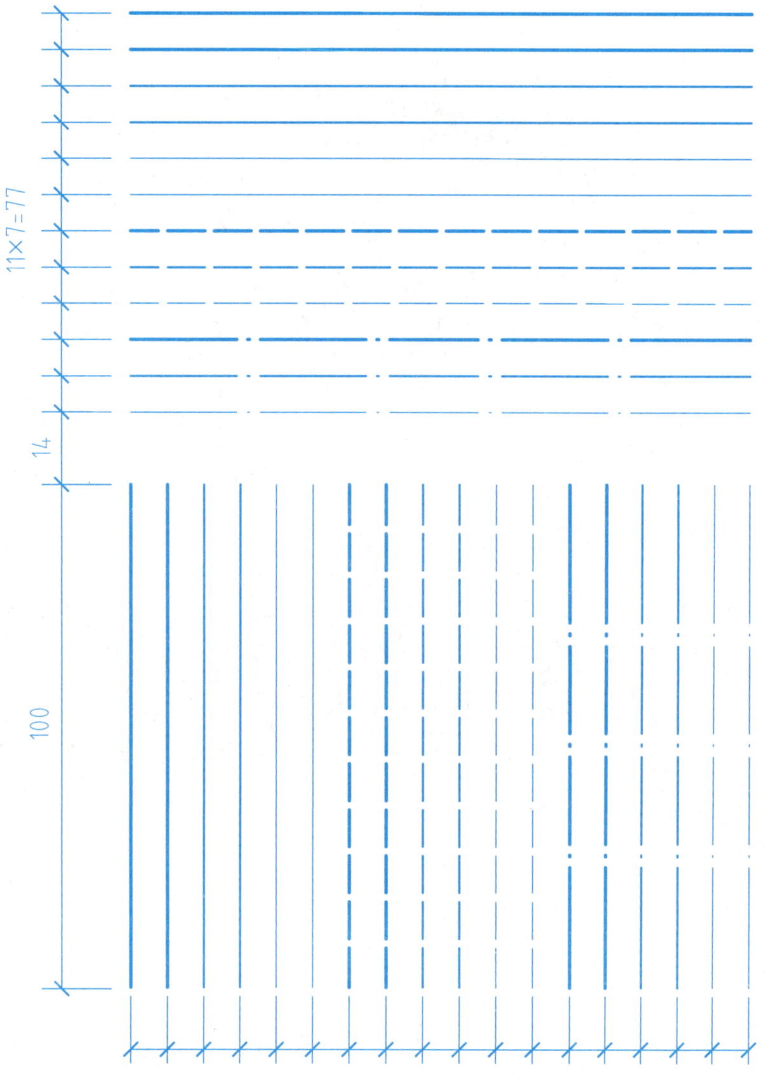

图 1

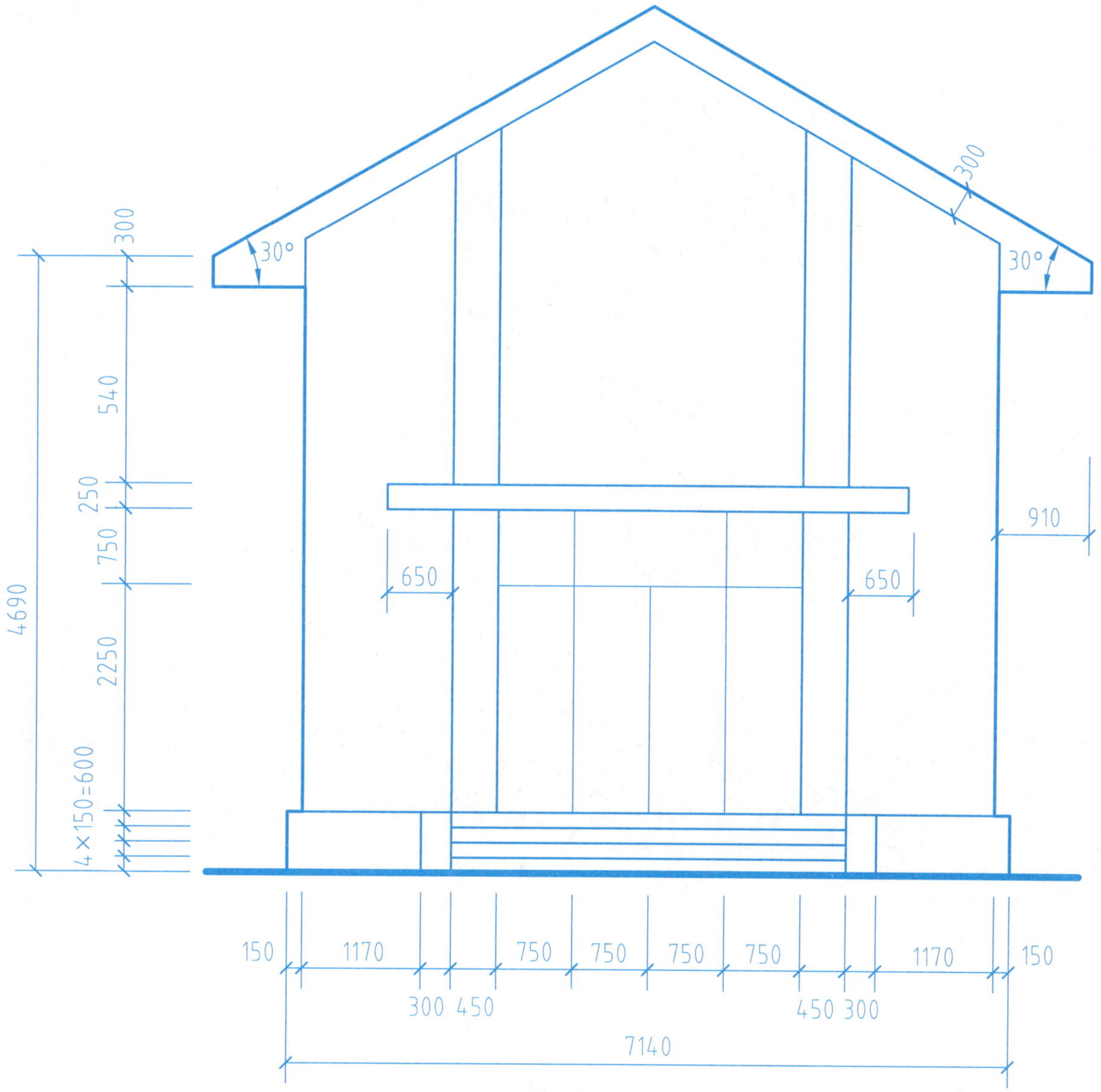

图 2

6.1 按 1 : 1 从轴测图中量取尺寸，绘制组合体的三视图，其中第 4 题根据轴测图的尺寸，按 1 : 2 的比例画出三视图，并标注尺寸

1.

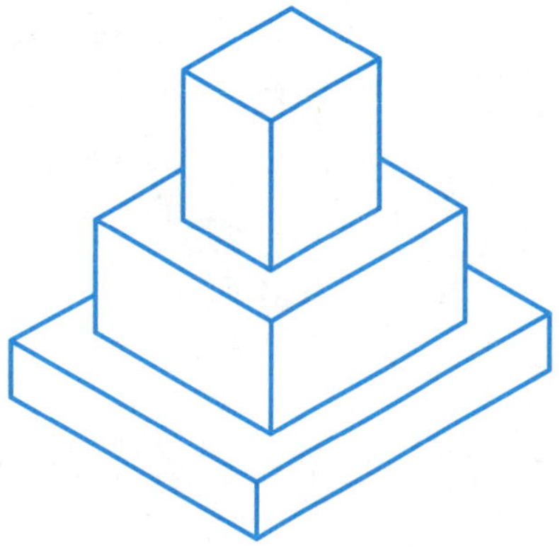

2.

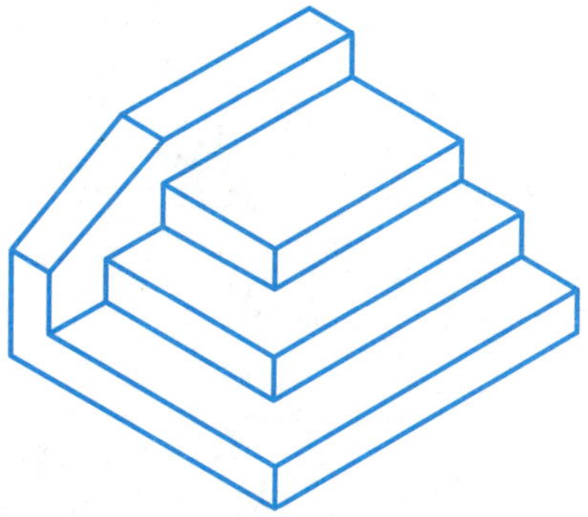

3.

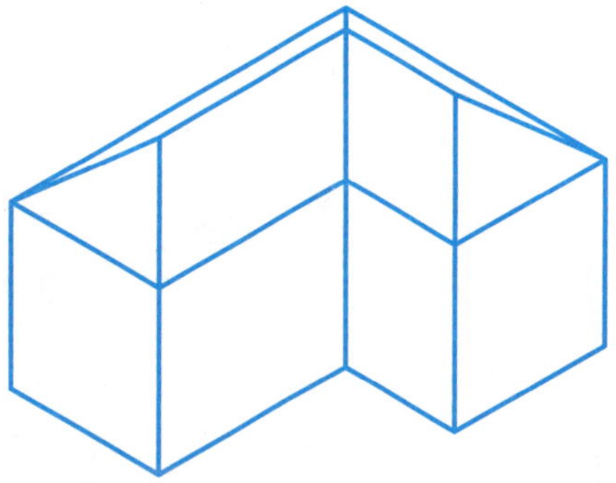

4.

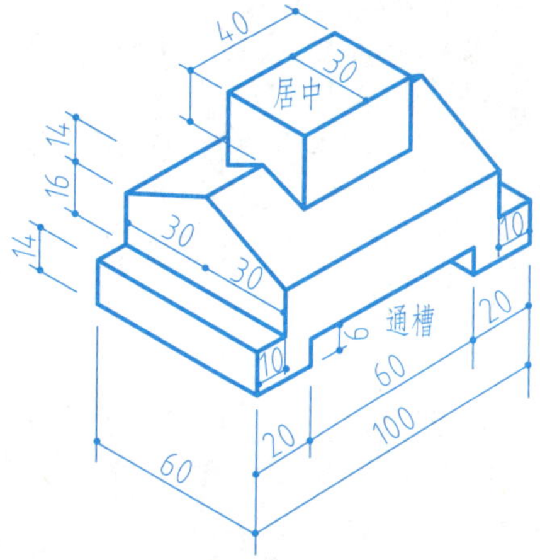

6.2 根据相同的两面投影，想象出不同形体的形状，并分别补出它们的第三面投影

1.

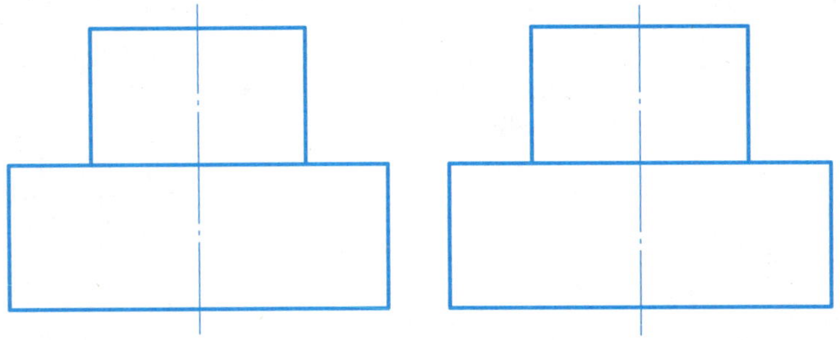

2.

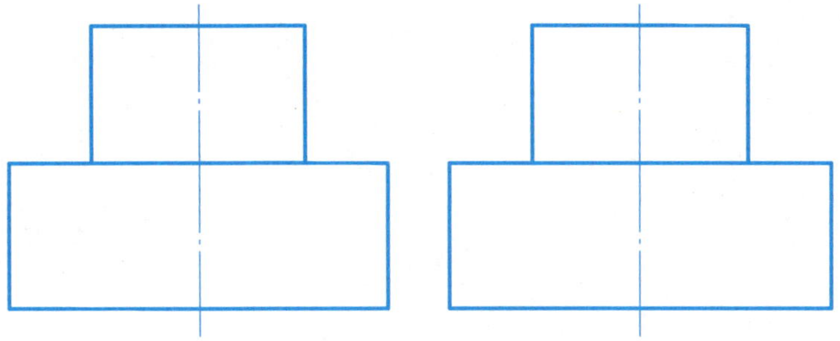

3.

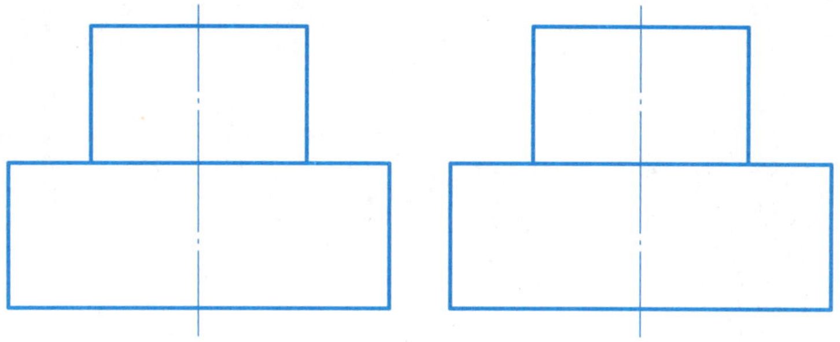

4.

5.

6.

6.3 补出下列三面正投影图中的缺线

1.

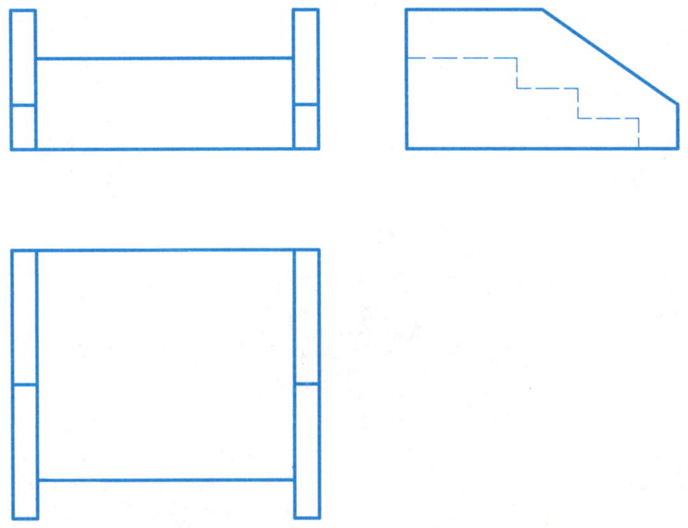

2.

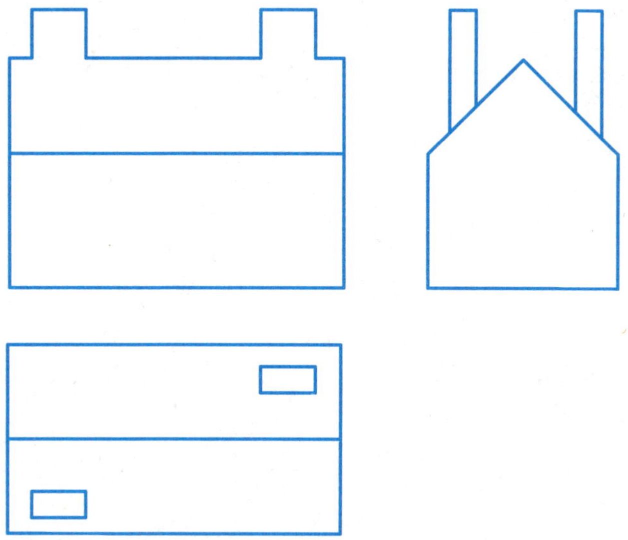

3.

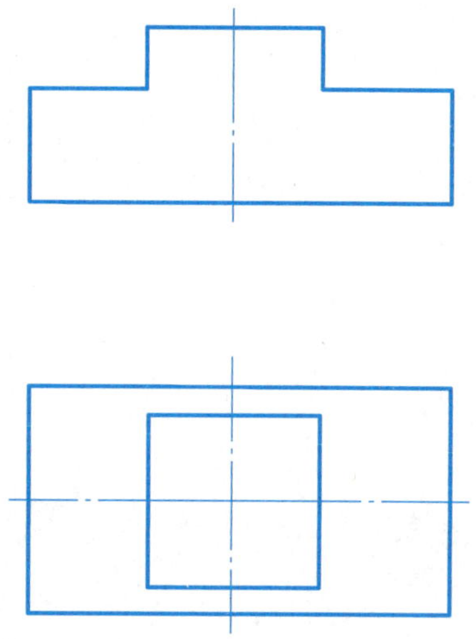

4.

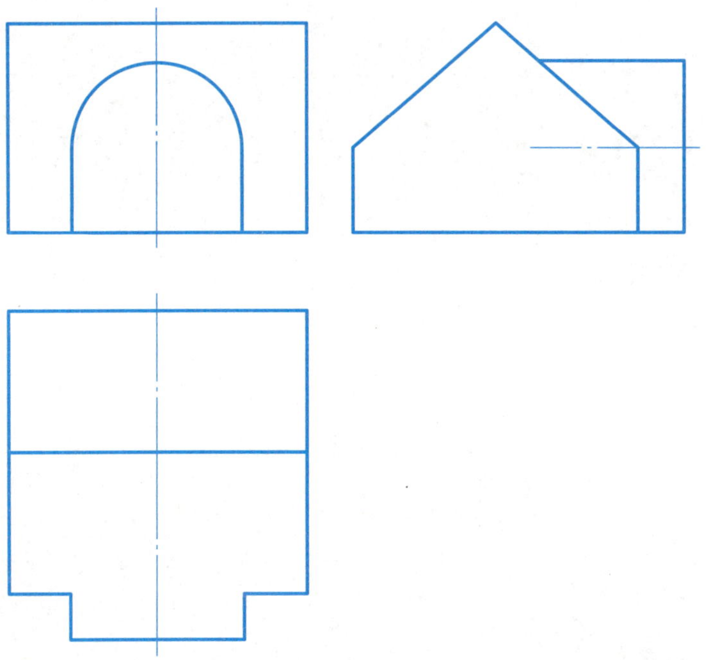

5.

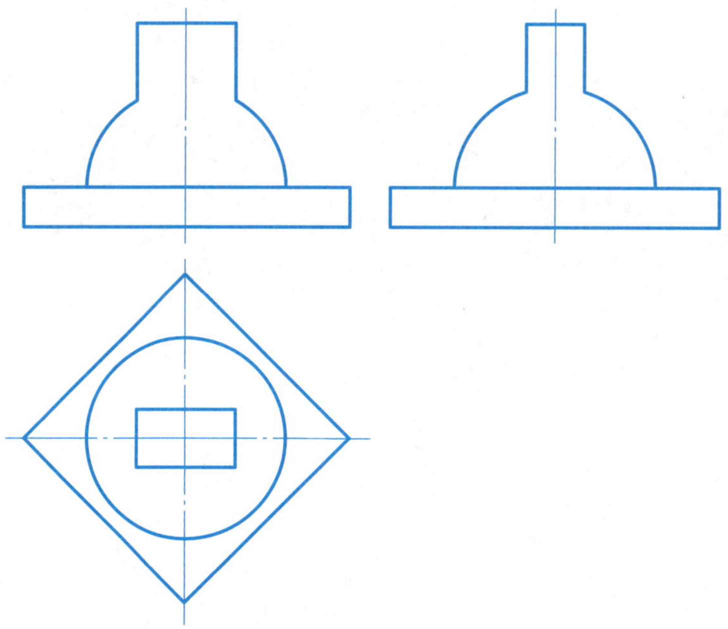

6.

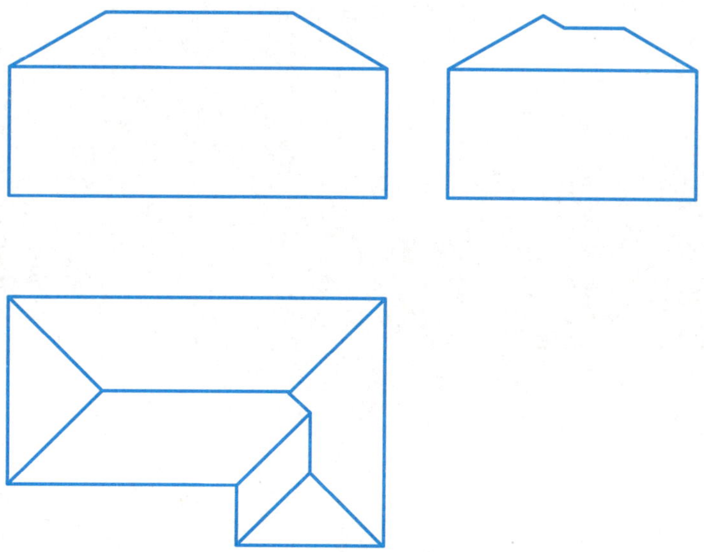

1.

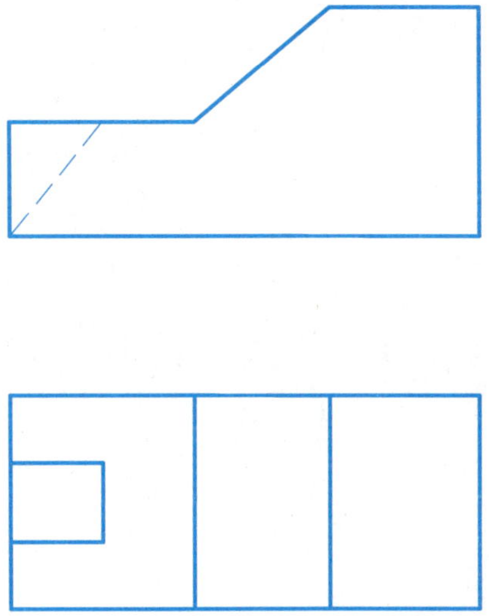

2.

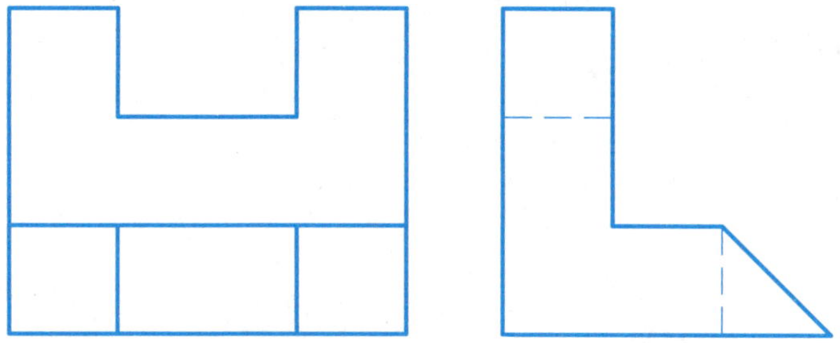

3.

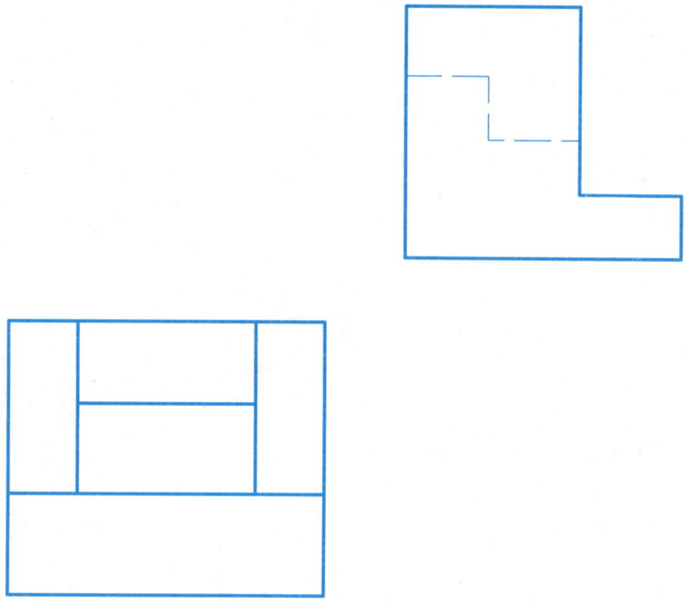

4.

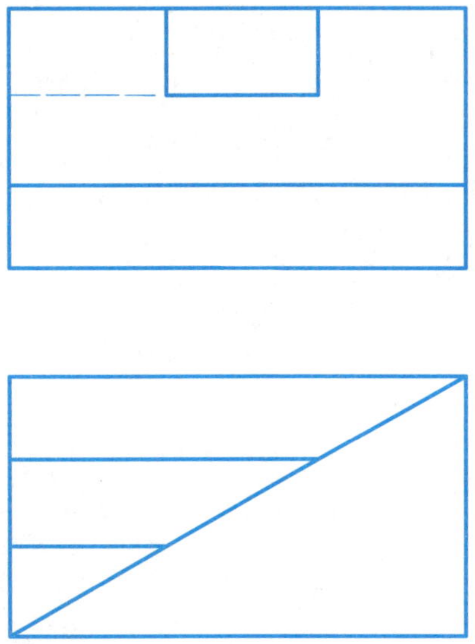

5.

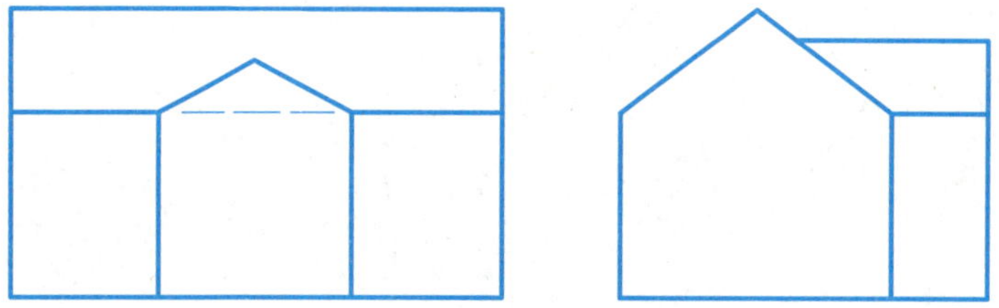

6.

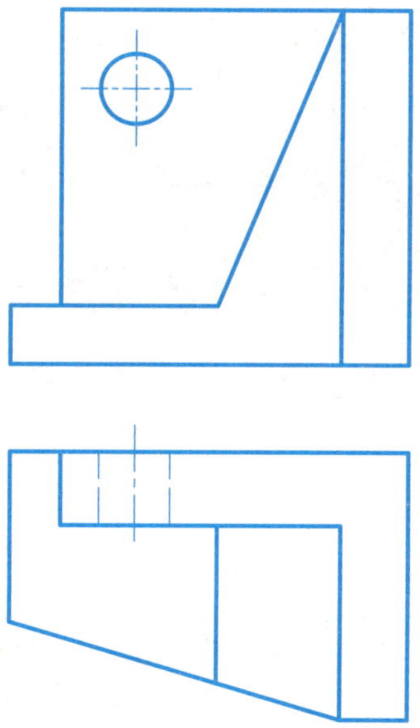

7.

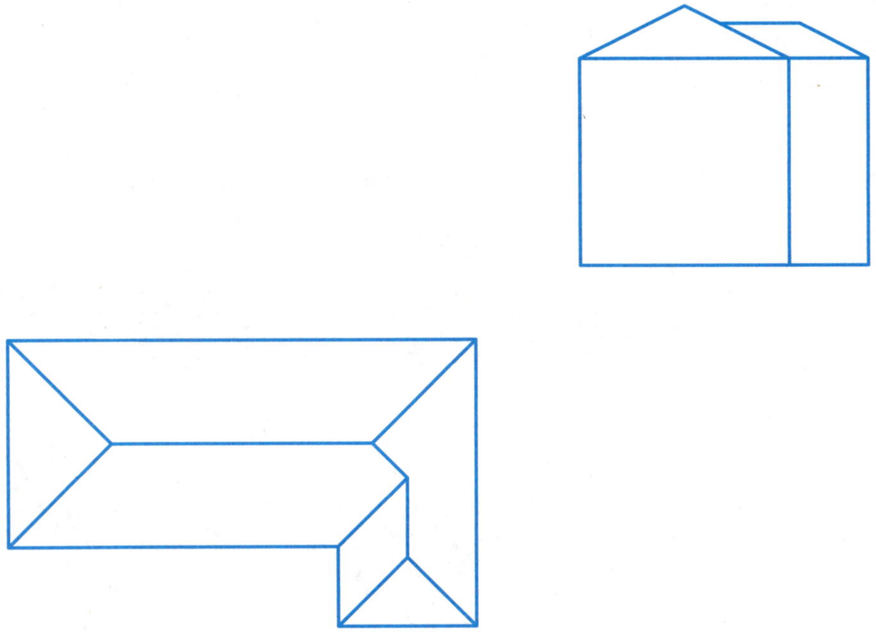

8.

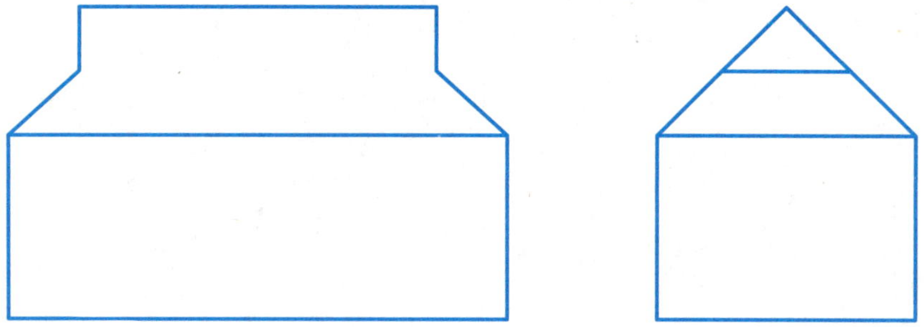

9.

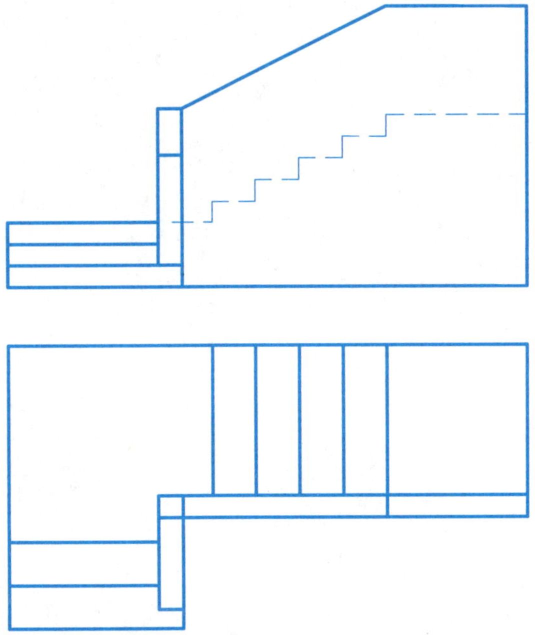

10.

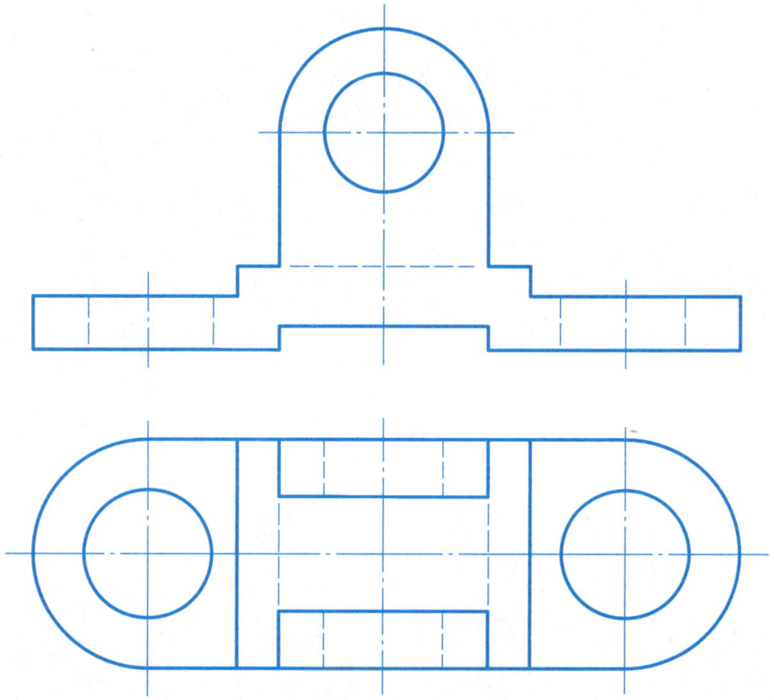

专业		班级		姓名		学号		日期		成绩	

6.5 徒手作图

1. 分别以 O1、O2、O3 为半径,求作同心圆。

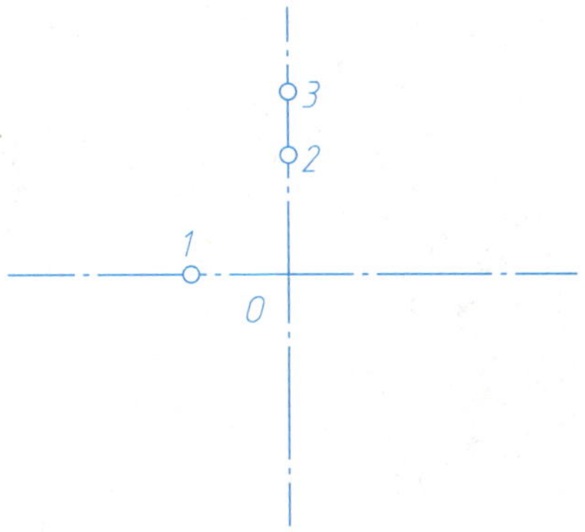

2. 分别以 OI、OI 和 O2、OII 为椭圆的长半轴和短半轴,求作两个椭圆。

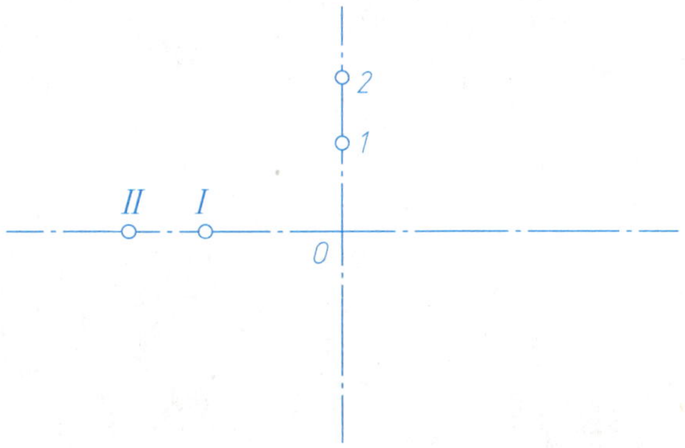

3. 放大 1 倍抄绘形体的轴测图。

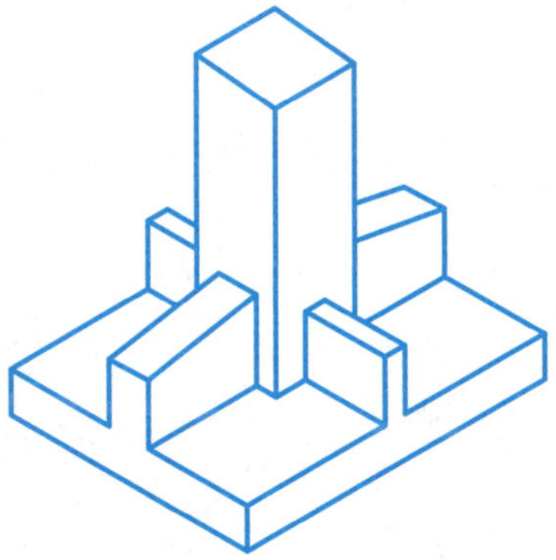

4. 放大 1 倍抄绘平面图,并按教材图 6-22 左图的形式画出定位轴线和标注尺寸(不写定位轴线圆圈内的编号和尺寸数字)。

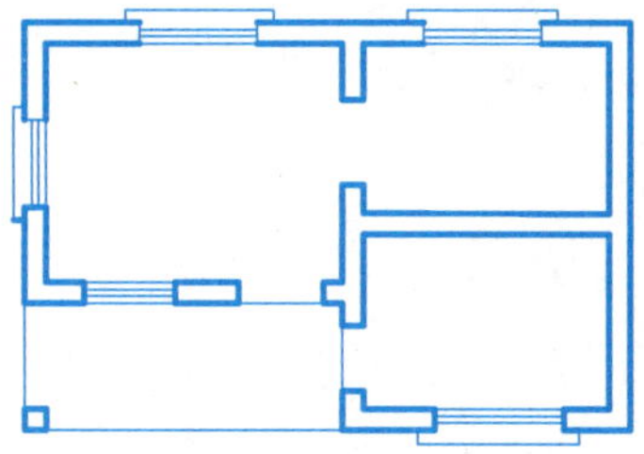

1. 作1—1剖面图。

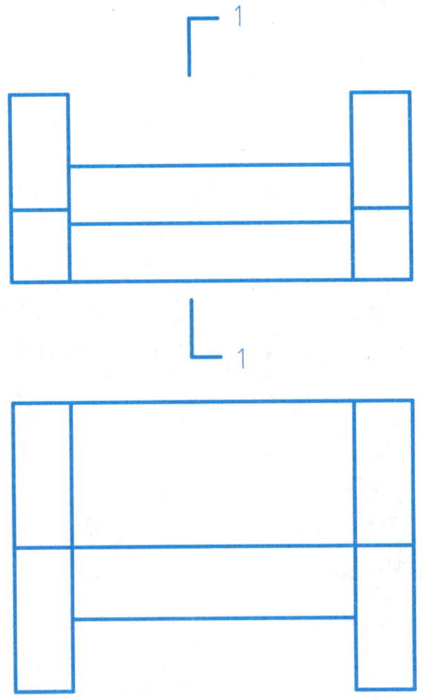

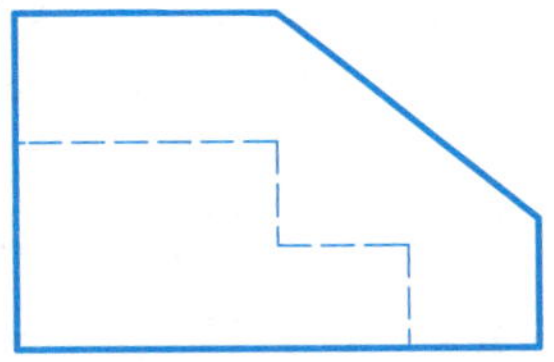

1—1剖面图

2. 自定义剖切位置,将左侧立面图画成剖面图。

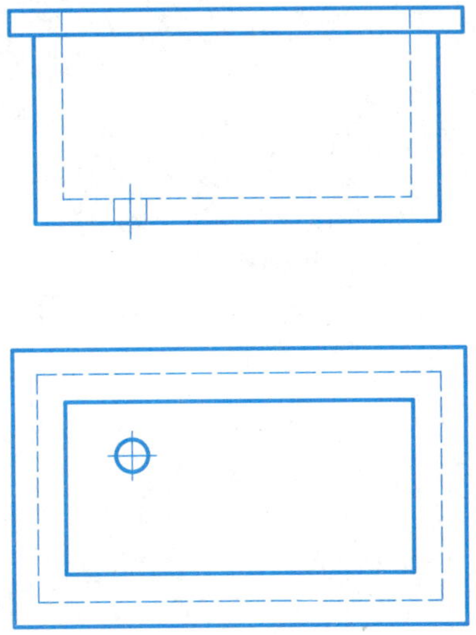

3. 补画1—1、2—2剖面图。

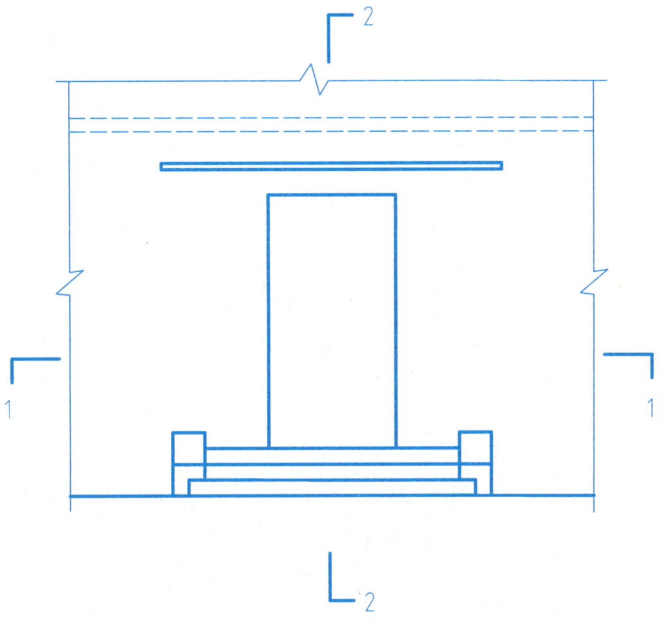

2—2剖面图

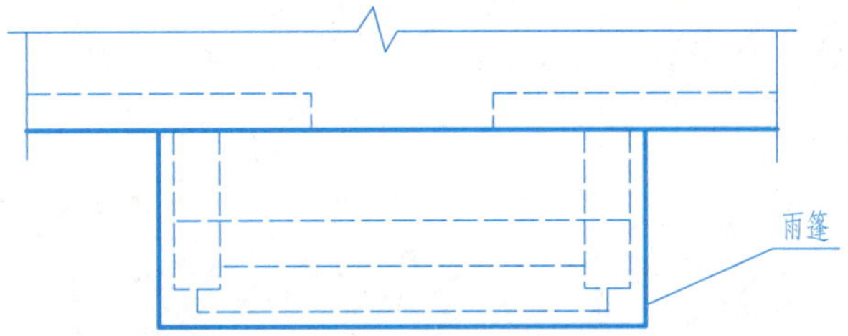

1—1剖面图

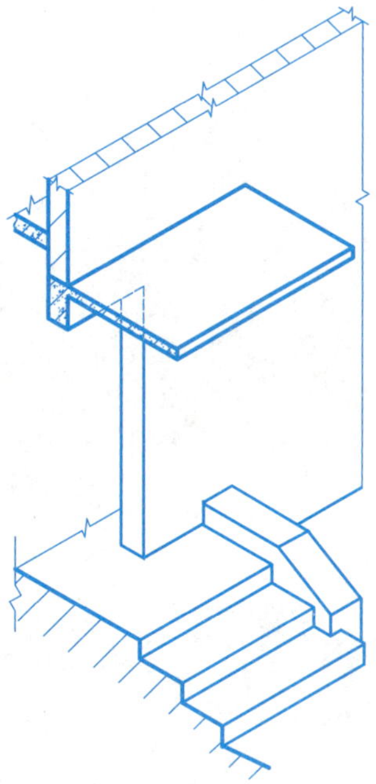

2—2剖面图轴测图

1. 作形体的半剖面图。

2. 作形体的半剖面图。

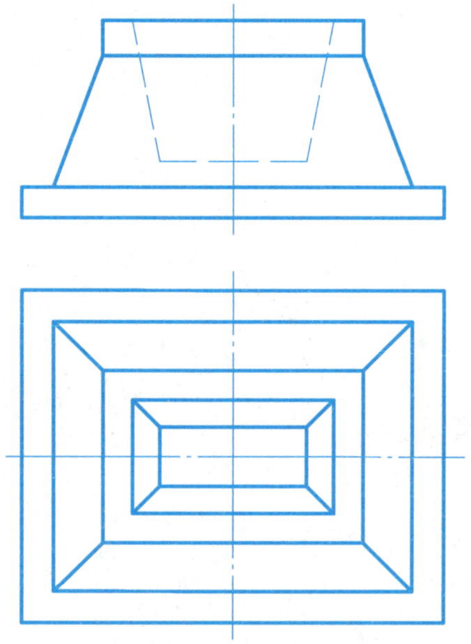

3. 将下图改画成局部剖面图。

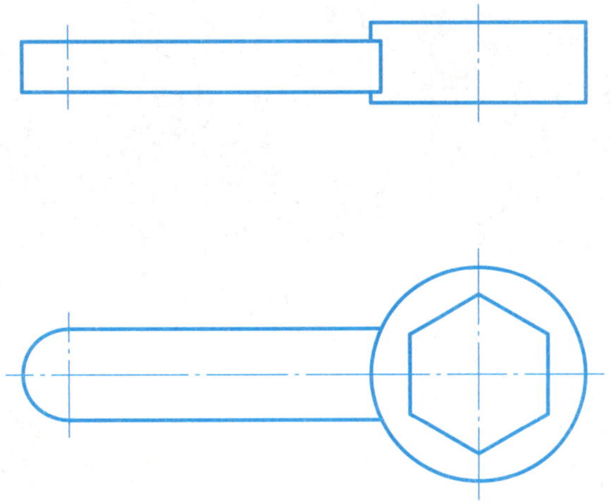

4. 将下图改画成局部剖面图。

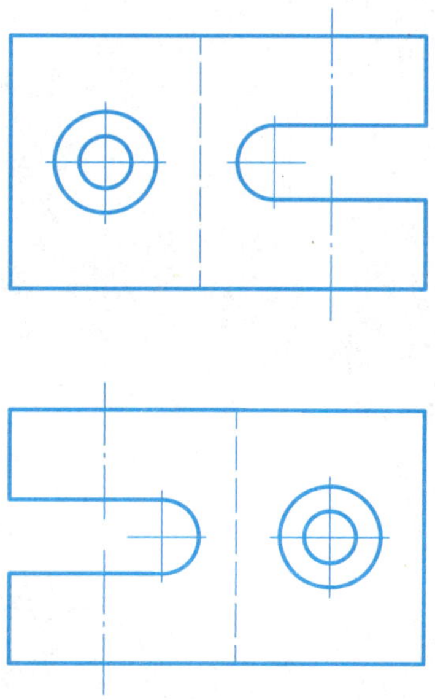

7.1 剖面图(三)

1. 自定义剖切位置,作形体的旋转剖面图。

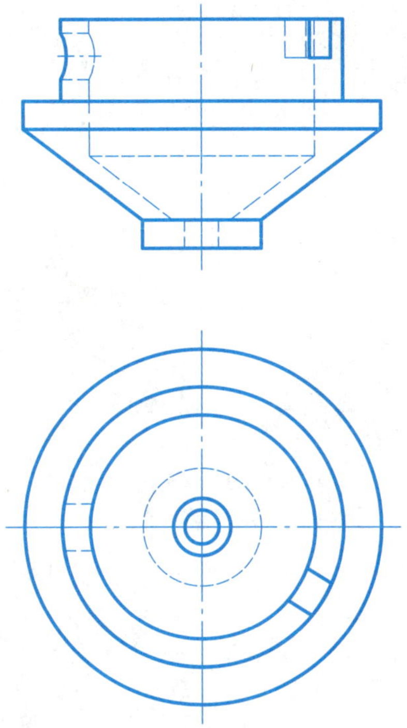

2. 自定义剖切位置,作形体的阶梯剖面图。

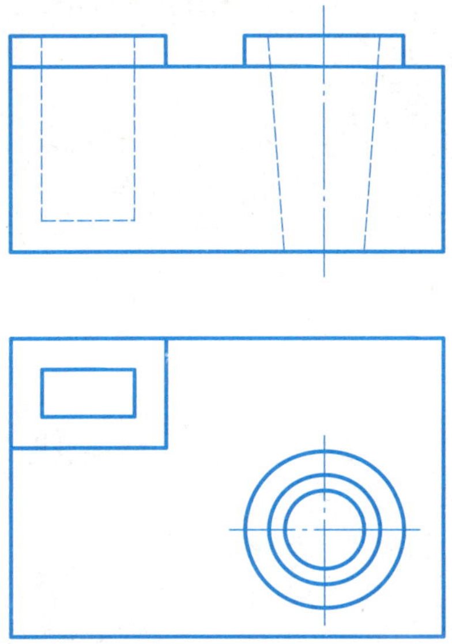

3. 补画 1—1 阶梯剖面图。

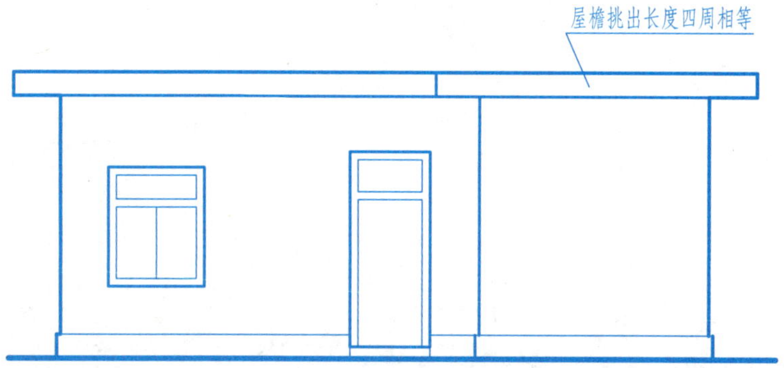

正立面图 1 : 100

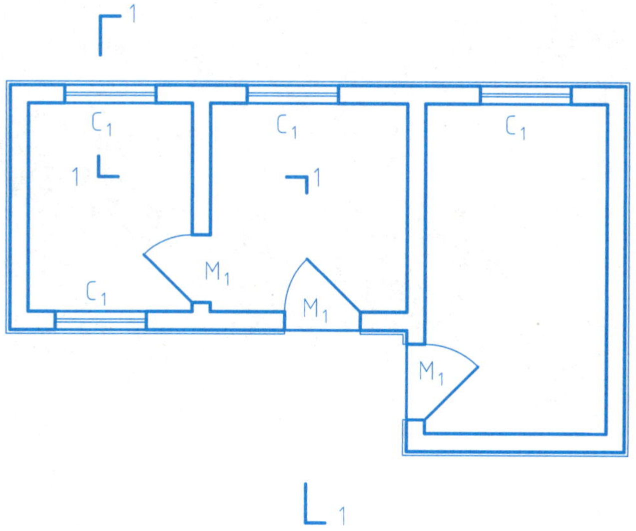

平面图 1 : 100

1. 作1—1、2—2、3—3断面图。

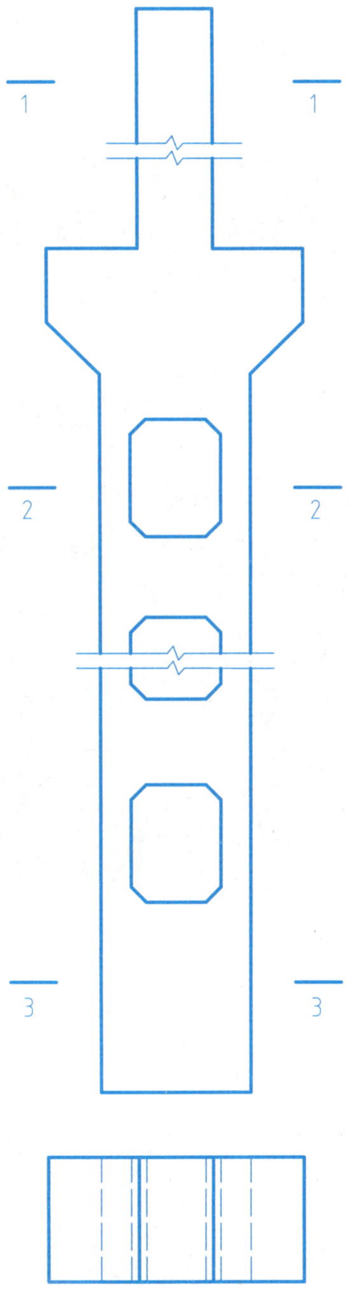

2. 放大1倍作1—1、2—2、3—3断面图。

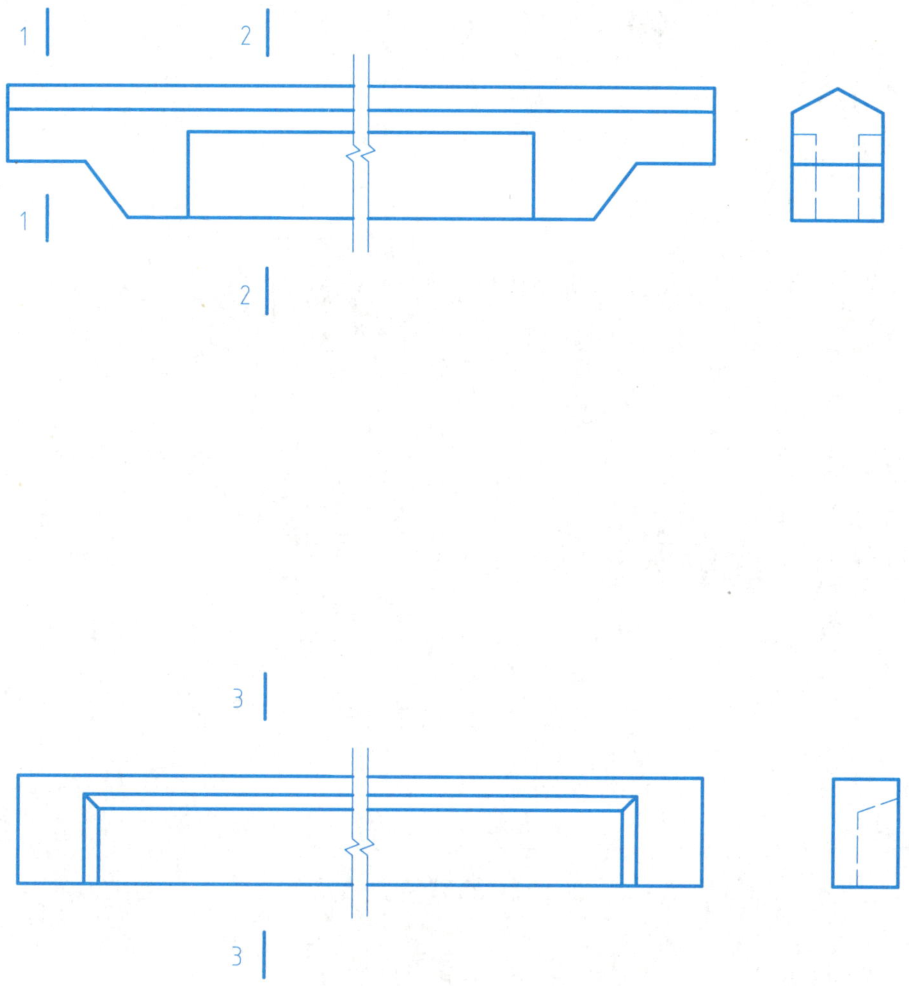

8.1 阅读教材第8章及附录二中的教工住宅建筑施工图后，完成下列题目（一）

8.1.1 建筑设计总说明和总平面图

1. 填空题

(1) 建筑施工图的内容包括施工图首页（含图纸目录、门窗表、总平面图和装修一览表）、建筑设计总说明、______、______、______、剖面图和详图。

(2) 施工图中尺寸单位，除标高及总平面图以______为单位外，其他必须以______为单位。

(3) 把建筑物底层室内主要地面的高度定为零点的标高称为______标高；把青岛黄海平均海平面的高度定为零点的标高称为______标高。

(4) 建筑设计总说明的内容一般有设计依据、建筑等级、建筑概述、______要求等。

(5) 总平面图是新建筑物定位的依据，新建筑物的定位一般采用______两种方法，图8-2中某住宅小区③栋新建住宅楼是根据______定位的，其定位坐标值分别是______。

(6) 该总平面图是按______比例绘制的。

(7) 附录二中住宅楼相对标高 ±0.000 相当于绝对标高是______m，室外绝对标高为______m，室内外高差为______m。

(8) 该住宅楼共为______层，入口朝向为______。

(9) 该建筑底层地面材料为______，内墙装修面层材料为______，顶篷用材料为______。

(10) 外墙面为______墙面，采用______标准图集。

2. 思考题

(1) 地面与楼面的区别是什么？

(2) 简述填充墙的设计要求。

8.1.2 各层平面图

1. 填空题

(1) 建筑平面图是假想用一个______剖切平面，经过______洞口之间将房屋剖开，移去剖切平面以上部分，将余下部分按正投影的原理投射在水平投影面上所得到的图称为______图。

(2) 在多层和高层建筑中，若中间各层是一样的，则只需画一个平面图作为代表层，将这一个作为代表层的平面图称为______。

(3) 平面图中三道尺寸线，最里面一道尺寸表示______，中间一道尺寸表示______，最外边一道尺寸表示______。

(4) 该住宅楼的总长是______，总宽是______。

(5) 该住宅楼外墙厚______，内墙厚______，填充墙的材料是______。

(6) 柱子的断面有____种。

(7) 全楼共有门____种，窗____种。其中在底层平面图中，入户门有____樘，洞口尺寸（宽 × 高）为______。

(8) 该住宅楼楼梯间的平面位置在______轴之间。

(9) 屋面排水坡度是______，屋面周边高出屋面的墙叫______墙。

2. 应用题

(1) 试计算该建筑的占地面积。

(2) 说出平面图中各种符号的规格、线型及画法要求。

8.1.3 立面图

1. 填空题

(1) 表示建筑物外墙面特征的正投影图称为______。在施工中是外墙面造型、______的依据。

(2) 该住宅楼的总高（室外地坪至女儿墙顶的高度）为______，共____层。层高为______。

(3) 在①～⑮轴立面中，共有______种窗，其中C3窗有______樘，洞口尺寸（宽 × 高）为______，窗台高______。

(4) 结合建筑设计总说明阅读，全楼外墙面装修做法有______。

2. 应用题

(1) 试计算①～⑨轴线外墙面的装修面积。

(2) 计算C1窗的面积。

(3) 叙述外墙面装修前的准备工作有哪些。

8.1.4 剖面图

1. 填空题

(1)假想用一个正立投影面或侧立投影面的平行面将房屋剖切开,移去剖切平面与观察者之间的部分,将剩下部分投射到与剖切平面平行的投影面上,得到的图样称为________图。用侧立投影面的平行面进行剖切,得到的剖面图称为________;用平行于纵墙面的剖切平面进行剖切,得到的剖面图称为________。

(2)剖面图用来表达建筑物的________________________________。

(3)结合底层平面图中标注的剖切符号,可知该建筑的1—1剖面图是通过________转折到________、________、________后向________边投射所得到的剖面图。

(4)1—1剖面图中的涂黑部位表示________________材料。

(5)从剖面图中也可看出该楼共_____层,总高为_______,层高为_______。

(6)在1—1剖面图中,门的高度分别是________________________。

(7)该楼底层至二层之间有________个梯段,全楼共有________个梯段。

(8)结合屋顶平面图阅读,屋面坡度是________。

(9)女儿墙的高度是________。

2. 应用题

(1)试计算次卧房间的装修面积(地面、顶棚、墙面)。

(2)试计算该建筑①轴线填充墙的体积,按 m^3 计,精确度为 0.01 m^3。

8.1.5 外墙身详图

1. 填空题

(1)将建筑物的局部节点及建筑构配件的形状、大小、材料和做法等,用较大的比例详细地表示出来的图样,称为________。

(2)该楼室外散水的宽为________,做法查阅________________________图。

(3)该建筑踢脚板的面层材料为________________,按________________图施工。

(4)该建筑厨房地面面层材料为________________,做法按________________图施工。

(5)该建筑屋面防水层的设计是________________,防水卷材为________________。

(6)该建筑一般顶棚的做法是________________________。

(7)女儿墙的高度是________,压顶做法是____________________________。

2. 问答题

根据建筑设计总说明、装修一览表和外墙身详图简述地面、楼面、屋面的做法。

8.1.6 楼梯详图

1. 填空题

(1)该楼梯段宽度是________;一个踏步的宽度是________;踏面和踢面的面层材料为________。

(2)楼梯栏杆采用的材料是________,它与踏步的连接是________________;扶手的材料是________,它与栏杆采用________连接。

(3)楼梯间的开间是________;进深是________。

2. 问答题

(1)楼梯详图一般由哪几部分组成?

(2)试述楼梯平面图中的底层、标准层、顶层平面图的不同。

8.1.7 其他详图

1. 填空题

(1)该楼卫生间的地面做法是________;卫生间地面比所在楼层一般地面低________,卫生间墙面做法是________。

(2)楼梯间屋面标高是________米,女儿墙的高度是________。

(3)该楼的M5、M6为________材料门,处理方法是________________。

2. 综合应用题

(1)说明建筑施工图中指北针、索引符号、详图号、剖切符号、定位轴线及编号等的含义及画法规定。

(2)复核各种规格的门窗,是否同建施14-1中的门窗表的数量一致。

(3)试计算该建筑的建筑面积。

(4)通过阅读建筑施工图,简述该建筑的空间形状和某一部位的具体做法。

根据房屋的剖面轴测图(图8-1)绘制平、立、剖面图。

1. 已知条件

(1) 平面尺寸如图8-2，层高3000，楼板厚120，窗台高900，女儿墙及外廊栏杆高1100，屋面单坡排水，坡度1%。

(2) 其门窗洞口尺寸(宽×高)

M1=100×2400

M2=900×2400

M3=800×1700

C1=1500×1500

(3) 楼梯踏步宽300，踢面高150。

(4) 外墙面装修由教师或学生设计。

2. 作业要求

(1) 用A2图幅绘制铅笔线图。

(2) 绘制底层平面图，正立面图，左侧立面图，1—1剖面图。

(3) 比例1:100。

(4) 按课程要求标注尺寸及标高。

3. 图面布置建议参照图8-3。

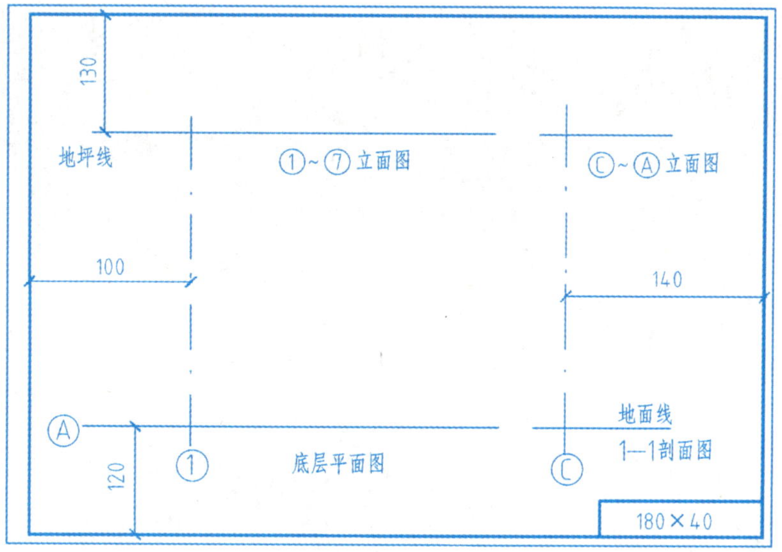

图8-3 图面布置

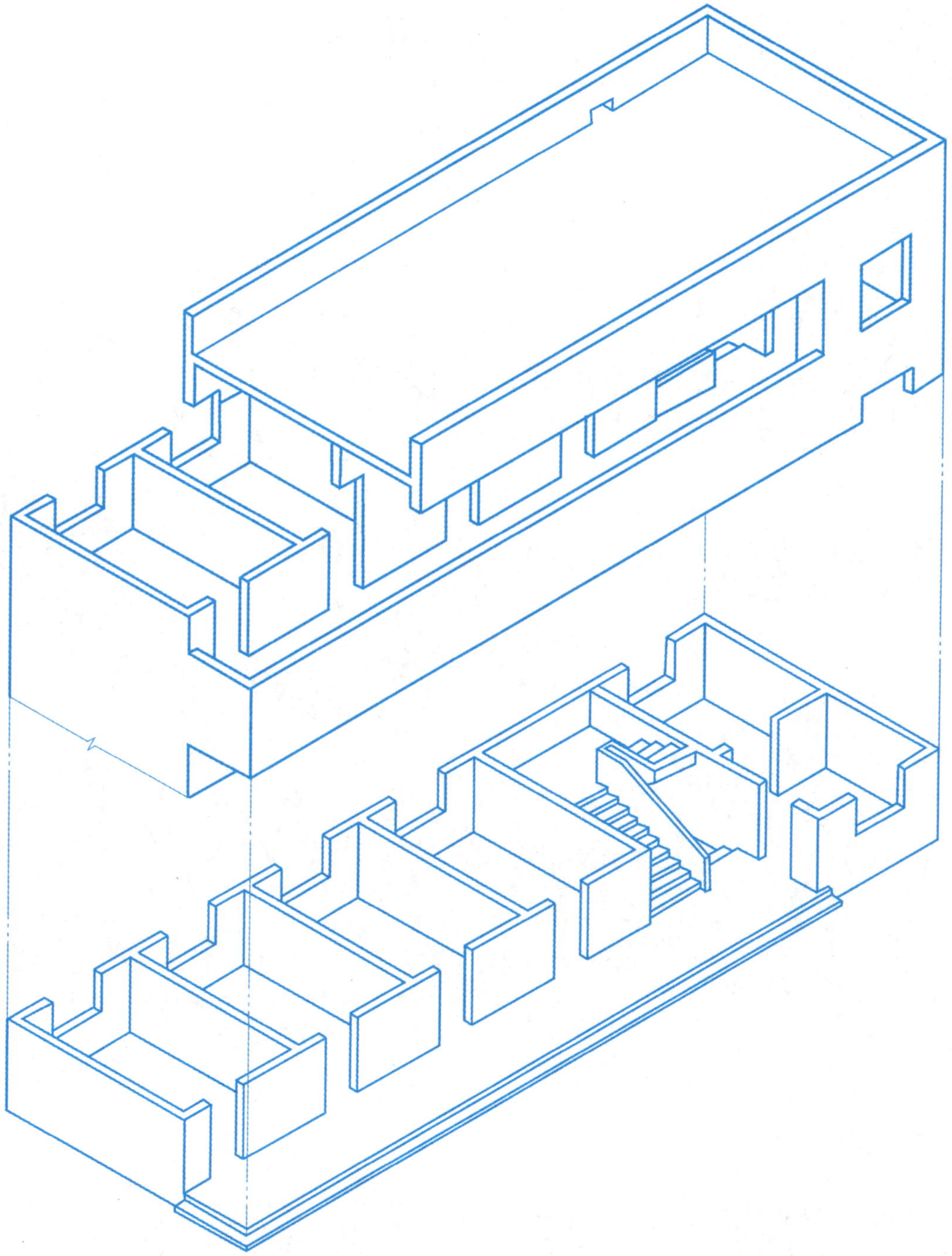

图8-1 剖面轴测图

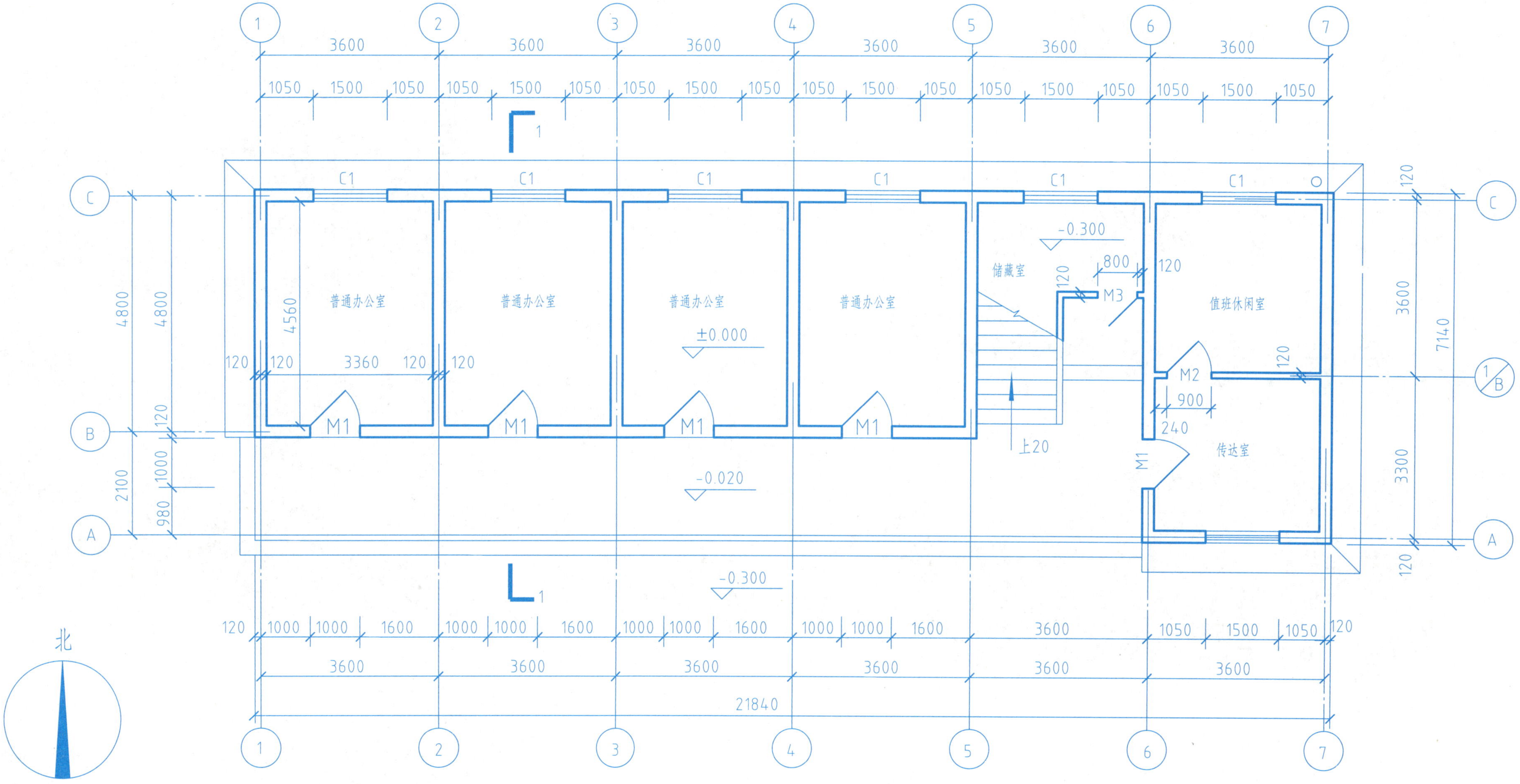

图 8-2 底层平面图 1:100

9.1 阅读教材第9章及附录二中的教工住宅结构施工图后，完成下列题目

9.1.1 概述和基础图

1. 填空题

（1）建筑结构按照主要承重构件所采用的材料不同，一般分为__________、__________、__________和钢筋混凝土结构四大类。

（2）结构施工图主要反映承重构件的布置情况、构件类型、__________、__________及制作安装方法等。

（3）结构布置平面图的主要内容包括______________________________、______________________________、______________________________。

（4）构造详图属于局部性的图纸，主要内容包括____________________、____________________及其他构件详图。

（5）基础的形式一般分为条形基础、__________和____________________。

（6）基础图包括基础平面图、____________________和____________________三部分。

（7）中风化泥岩天然单轴抗压强度标准值为____________________。

（8）基础底面标高是______________________________。

（9）柱基础采用__________材料，混凝土强度等级为____________________。

（10）基础共有__________种类型，ZJ1基础称为__________基础。

2. 应用题

（1）基础平面图是怎样产生的？它与建筑底层平面图有何区别？

（2）试计算③轴线基础梁的混凝土体积（按 m^3 计，精确度 0.1 m^3）。

9.1.2 架空层结构布置平面图

1. 填空题

（1）教材图9-11中架空层结构布置平面图板面标高是__________。共需要Y-KB3961型号的板____块。该楼板的厚度为110，板底标高应为______________m。

（2）教材图9-11中，隔墙基础有__________处，做法见____________________。

（3）基础梁的断面分别是____________________，主筋是__________，箍筋的布置是__________。

2. 思考题

（1）结构布置平面图与建筑平面图在画法和表示内容上有何区别？

（2）弄清结构布置图中各种数字、符号的含义。

9.1.3 柱、梁、板平面布置图及配筋图

填空题

（1）在11G101-1中，可采用平面整体表示方法的结构构件有__________、__________、__________、__________。

（2）柱在平法施工图中采用的标注方法有__________方式和__________方式两种。

（3）剪力墙在平法施工图中采用的标注方法有__________方式和__________方式两种。

（4）梁在平法施工图中采用的标注方法有__________方式和__________方式两种。

9.1.4 结构详图

1. 填空题

（1）圈梁一般在转角和T字接头处要配__________，加强配筋的大小与__________相同。

（2）为了提高抗震能力，需要在预制楼板板缝中配置__________。

（3）在钢筋混凝土梁中，一般配有__________、__________、__________。

（4）在预制钢筋混凝土板中，一般配有__________、__________。

（5）在钢筋混凝土柱中，一般配有__________、__________。

（6）钢筋的一个半圆弯钩应增加钢筋的长度为__________。

（7）箍筋弯钩的平直部分一端应增加的长度为____________________。

（8）构件中的模板图主要表示构件的____。

2. 应用题

（1）试计算一根梁或一根柱的钢筋用量。

（2）熟记结构施工图中各种常用构件代号。

1. 已知条件

(1)根据图8-1、图8-2绘制结构布置图。

(2)结构布置示意图如图9-1所示。

(3)各种构件名称、代号、型号等可参照教材或根据各地方实际情况由教师或学生设计。

2. 作图要求

(1)用A3图幅绘制二层结构布置平面图(1∶100);

(2)楼梯间结构布置图略。

(3)图面布置由学生自行设计。

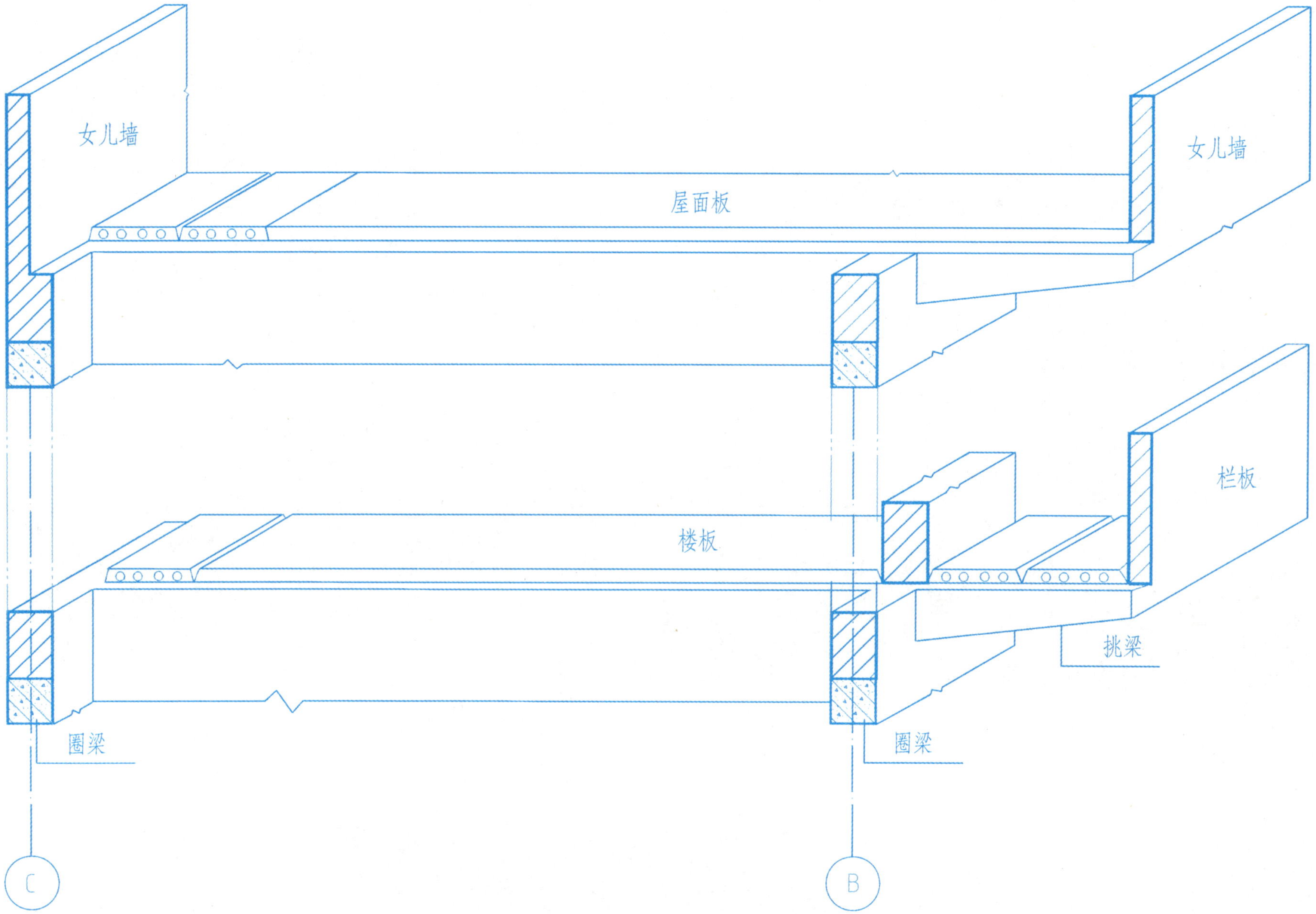

图9-1　结构布置示意图

9.3 根据 KL-1 梁的平面图（平面注写方式）与 2—2 配筋断面图，要求：（1）完成钢筋表；（2）绘制梁的 1—1 配筋断面图。

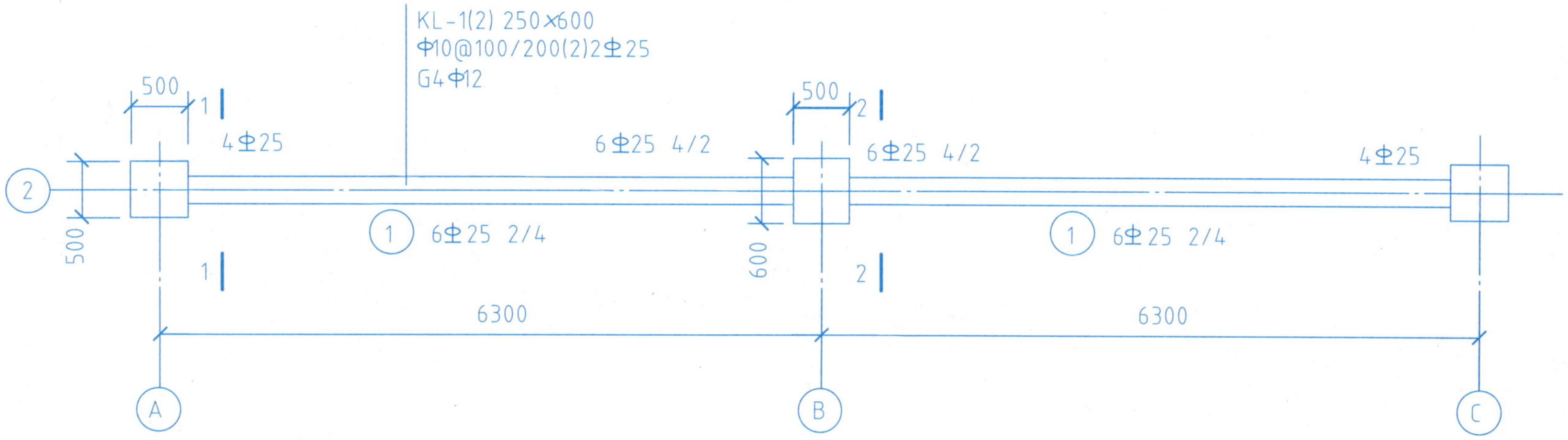

KL-1

1—1

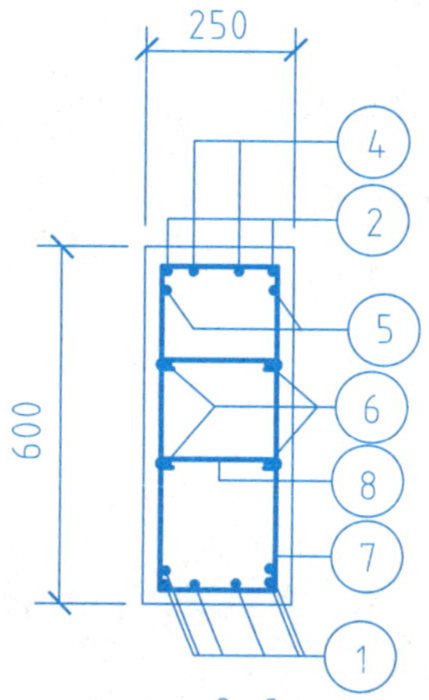

2—2

KL-1钢筋表

钢筋编号	钢筋简图	规格	数量	一根钢筋长度/mm	备注
① 下部主筋					左右两跨
② 上部角筋					通长
③ 上部中筋					左右两跨
④ 上部一排中筋					中间支座
⑤ 上部二排中筋					中间支座
⑥ 构造筋					
⑦ 箍筋					
⑧ 拉筋		Φ6			

说明：
（1）钢筋保护层为25 mm。
（2）钢筋①、②、③的锚固长度为35 *d*。
（3）梁上的上排钢筋②按通长考虑，上排中部钢筋为③，与Ⓑ轴线对称。
（4）构造筋作为⑥号，设在梁的两侧各两根，间距沿高度均匀配置，锚固长度为15 *d*。
（5）箍筋编号为⑦，拉筋编号为⑧。加密区长度等于梁高。

10.1 阅读底层给水排水平面图和给水轴测图，简述给水系统中的管道（含热水管）和卫生设备的布置（管道的走向、标高、管径及所连接的设备等）。

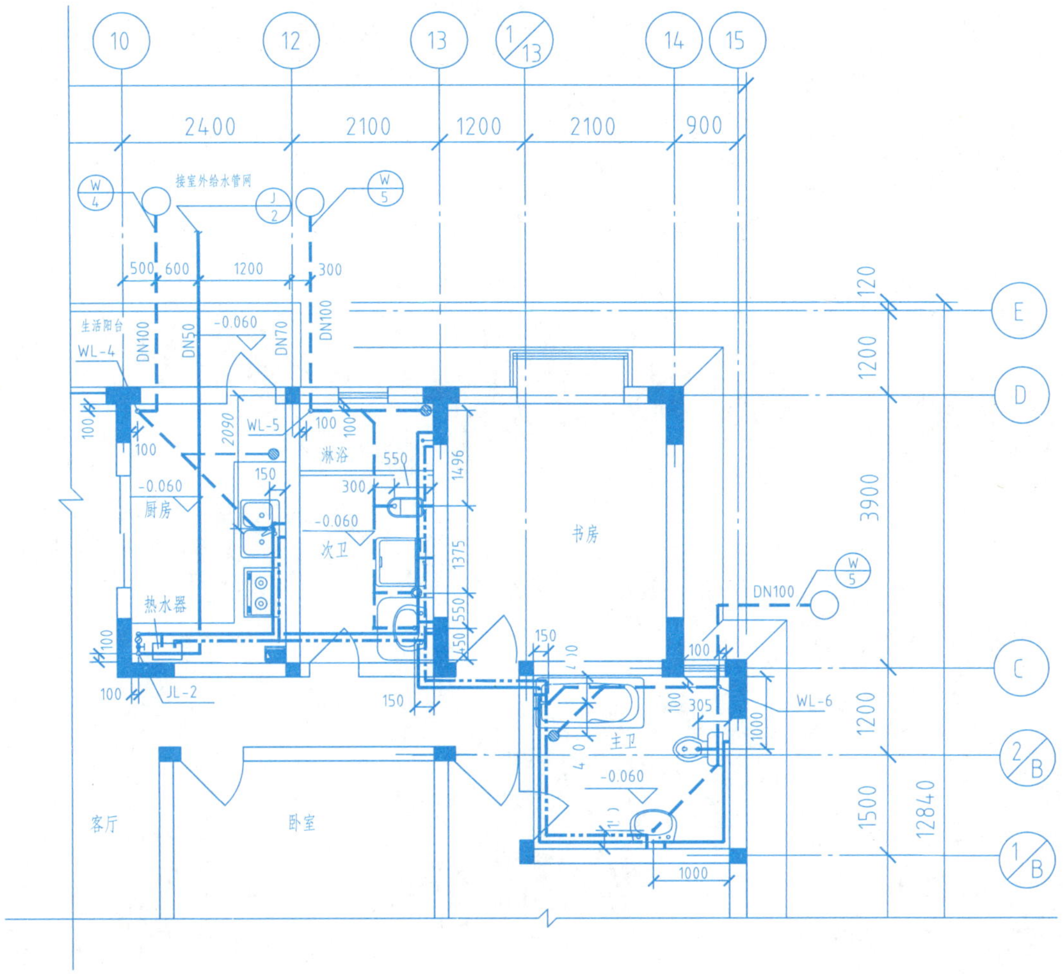

说明：在平面图中为了便于区别，生活给水管用粗实线表示，热水管用粗双点画线表示，污水管用粗虚线表示

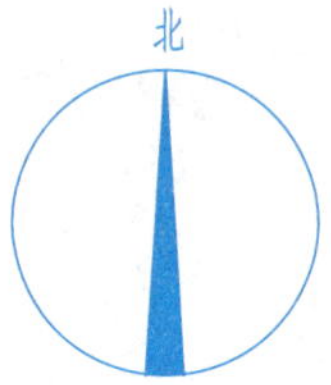

底层给水排水平面图 1:50

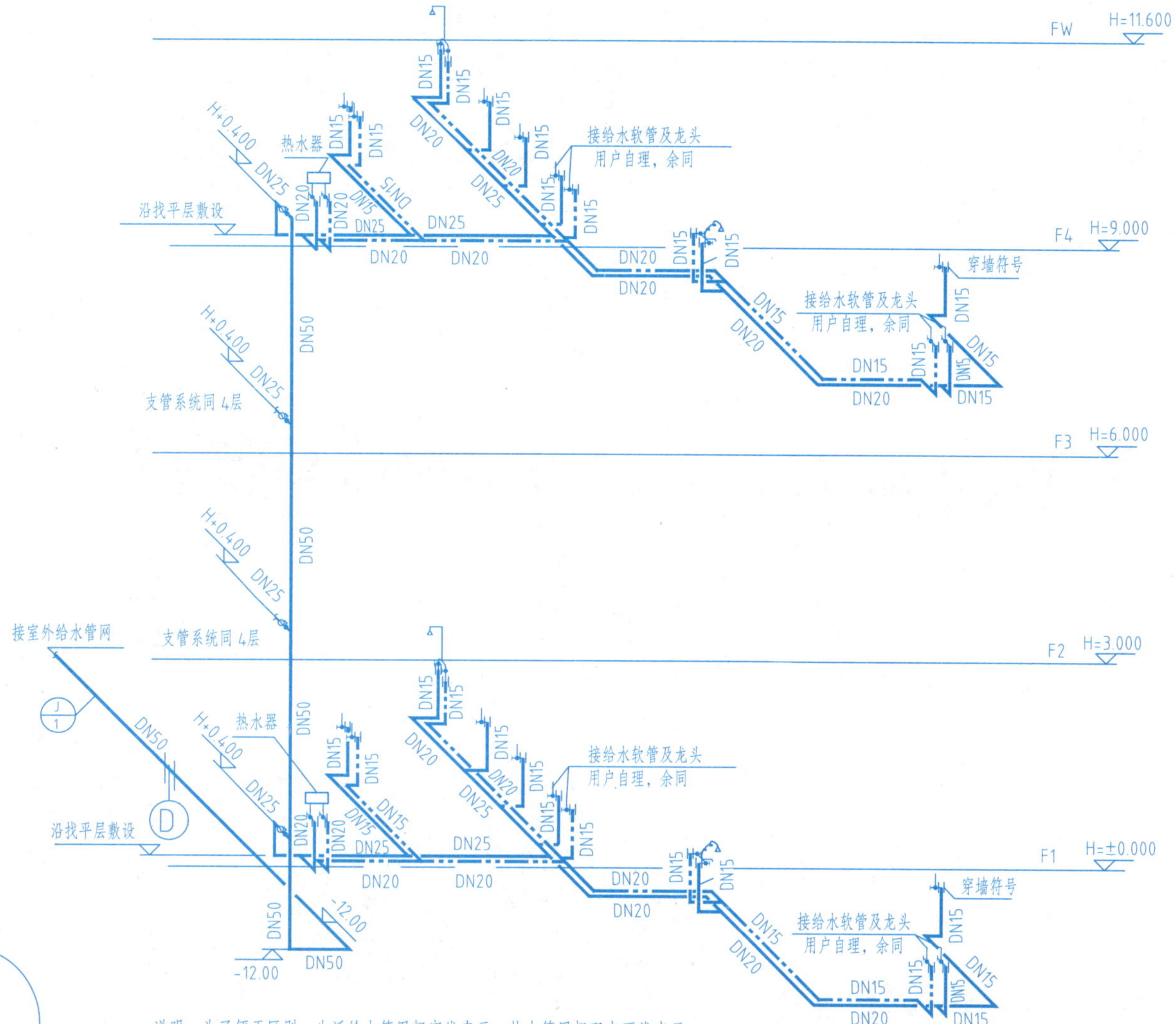

说明：为了便于区别，生活给水管用粗实线表示，热水管用粗双点画线表示。

给水轴测系统图

简述：

10. 建筑给水排水施工图	专业		班级		姓名		学号		日期		成绩		42

10.2　根据底层给水排水平面图、排水轴测系统图(W/4)、(W/6)，并参照教材图10-10，完成排水轴测系统图(W/5)。

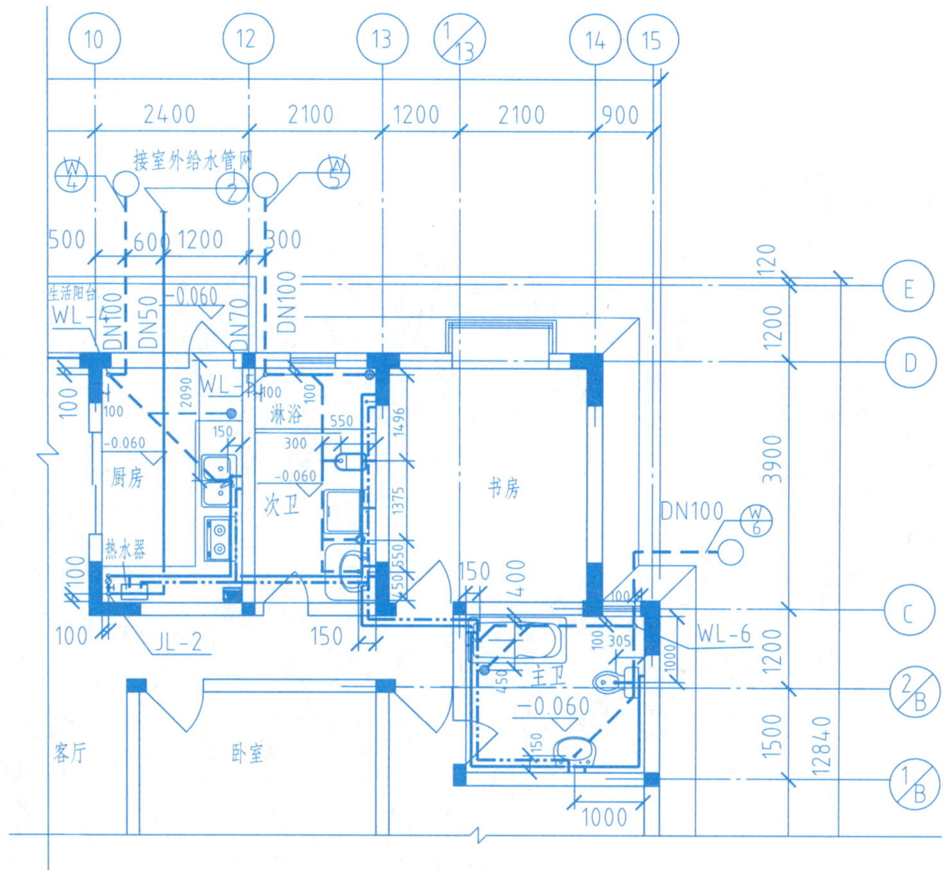

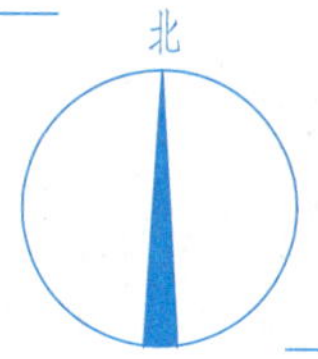

说明：在平面图中为了便于区别，生活给水管用粗实线表示，热水管用粗双点画线表示，污水管用粗虚线表示。

底层给水排水平面图 1:50

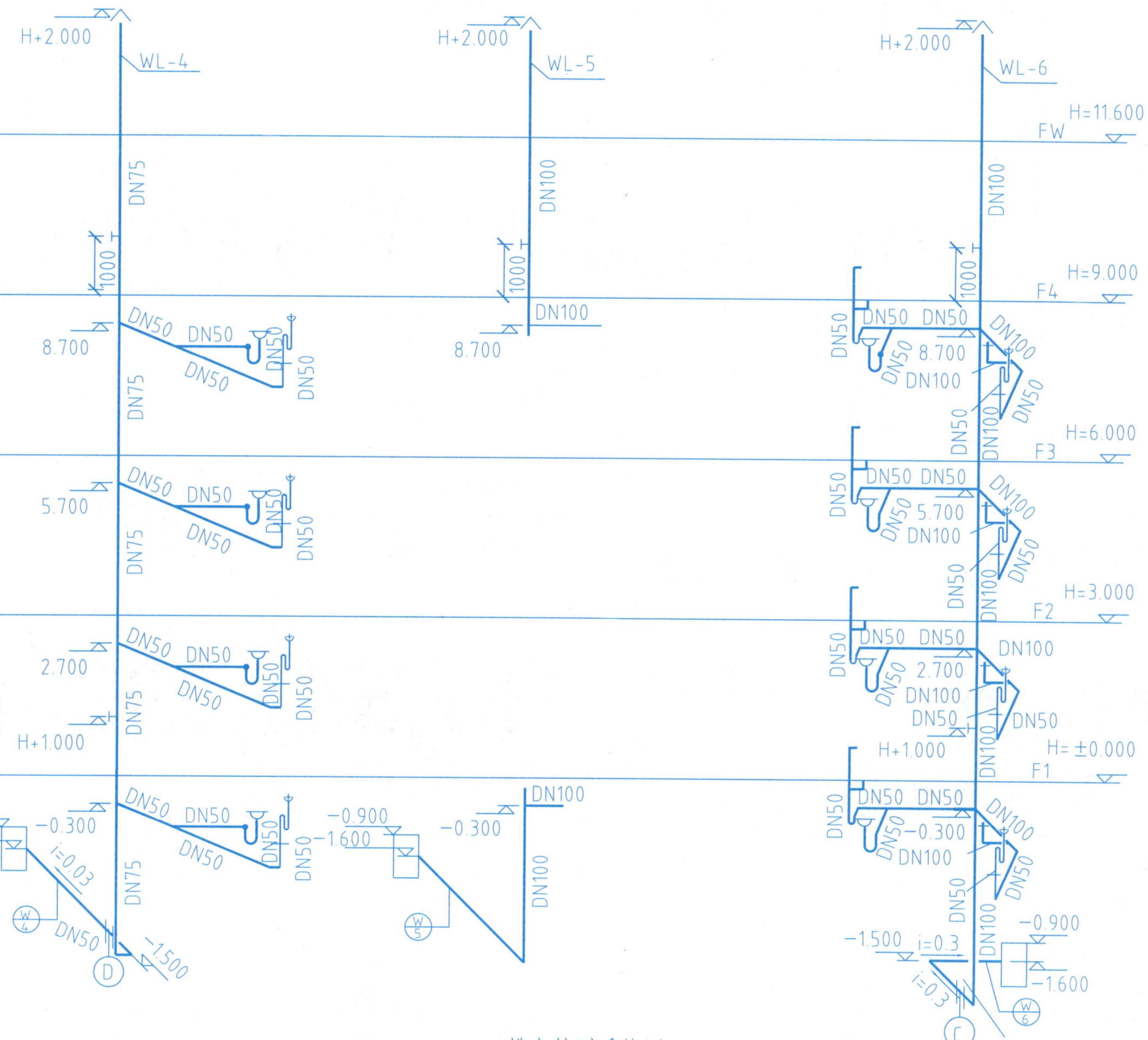

排水轴测系统图

10. 建筑给水排水施工图	专业		班级		姓名		学号		日期		成绩		43

1. 根据所给坐标和尺寸 1:1 绘制图形。

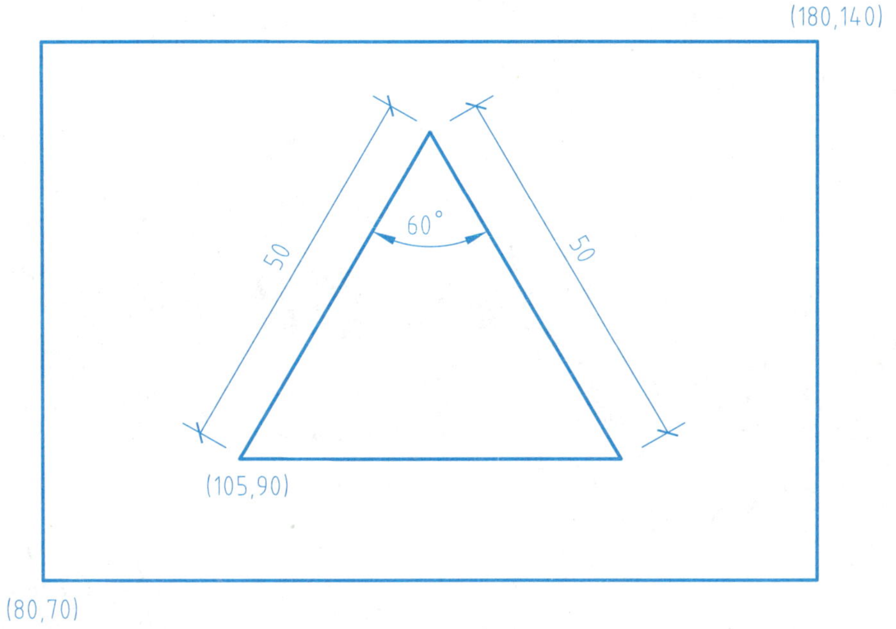

2. 根据所给尺寸 1:1 绘制写字台图形。

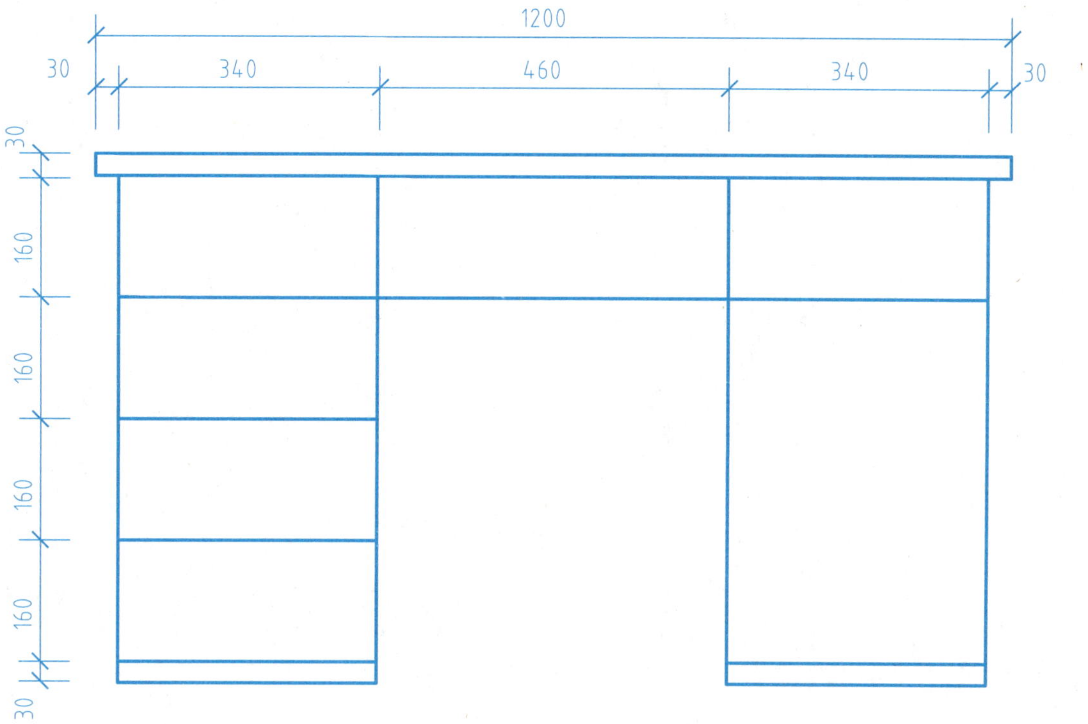

3. 绘制物体的两面投影图，大小自定。

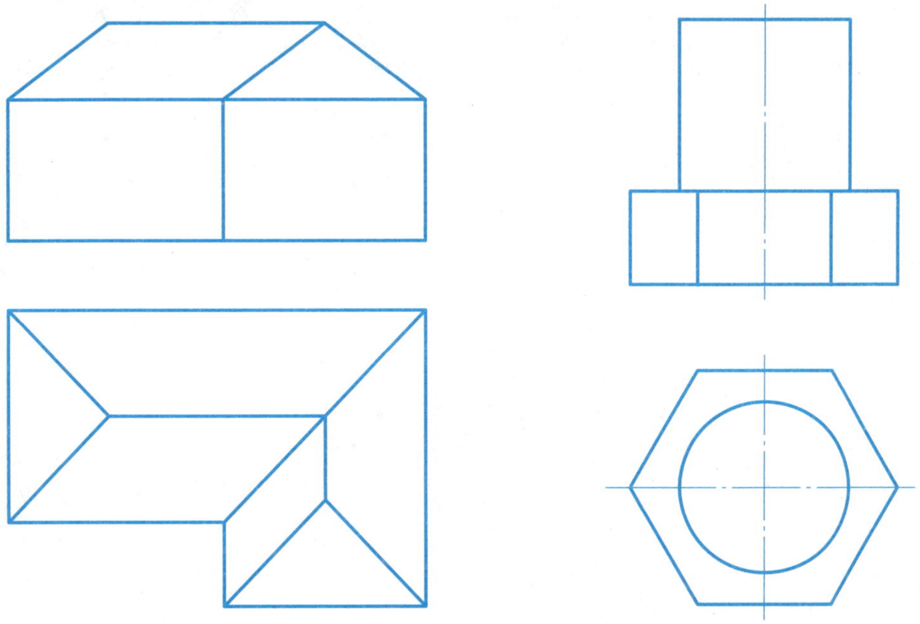

4. 绘制平面图形，大小自定。

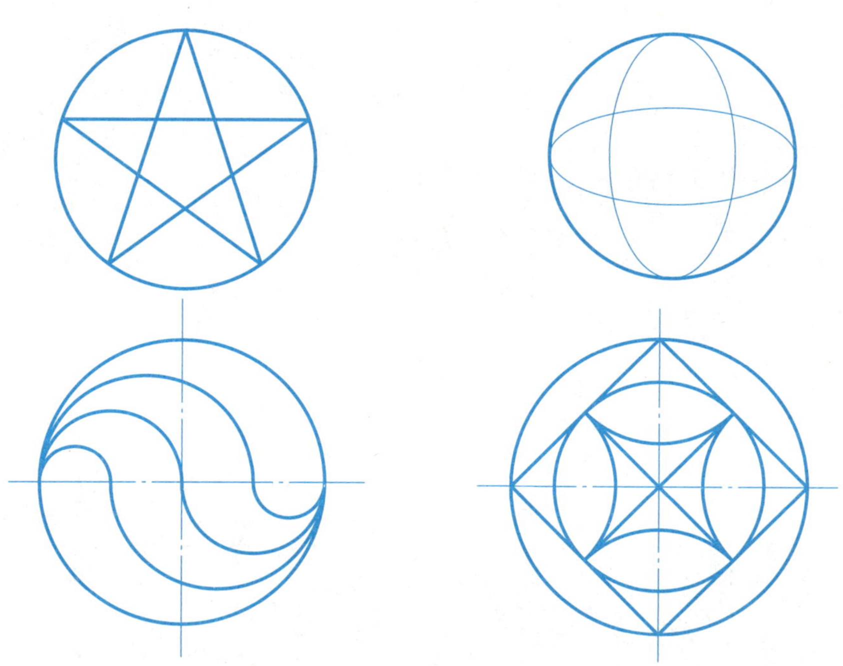

11.2 用 AutoCAD 的有关命令绘制给定的图形

1. 绘制平面图形，大小自定。

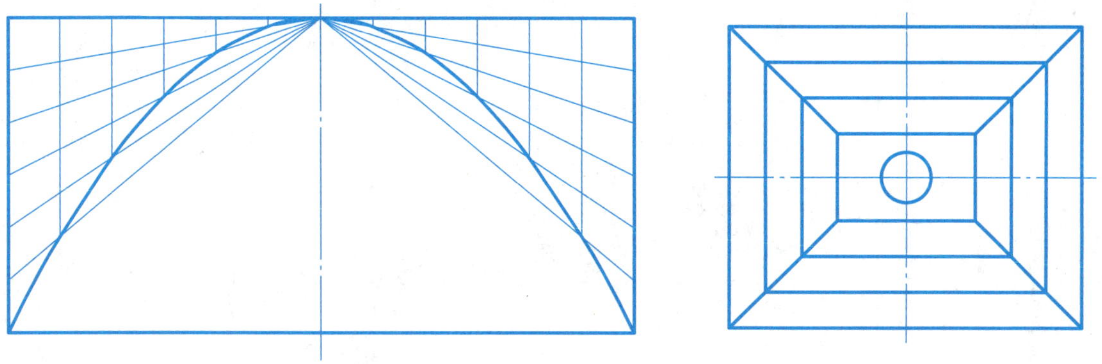

2. 绘制吊灯图形，大小自定。

3. 绘制图形，大小自定。

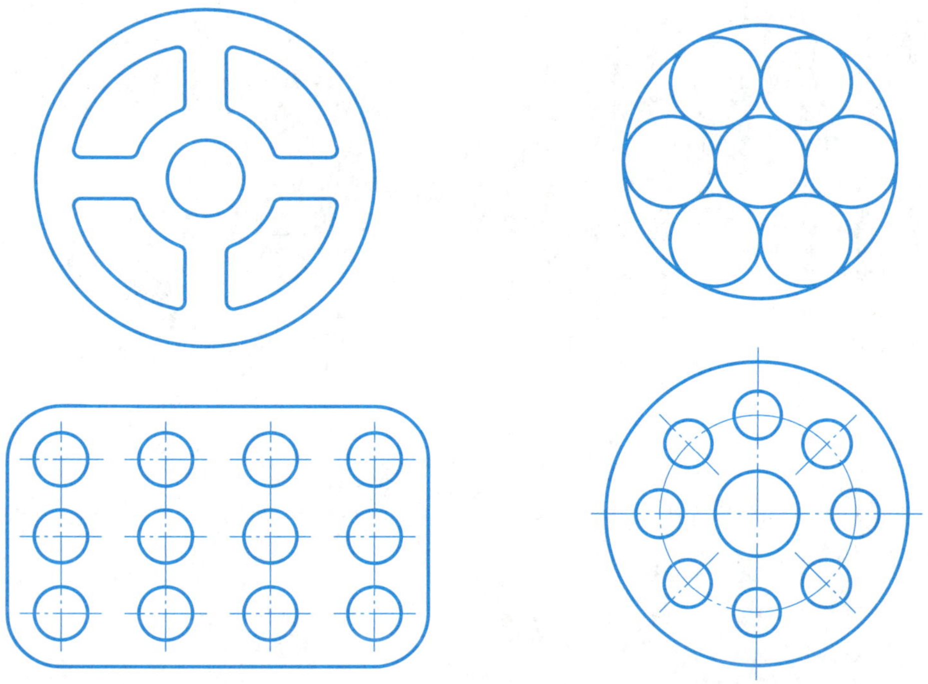

4. 绘制对称图形，大小自定。

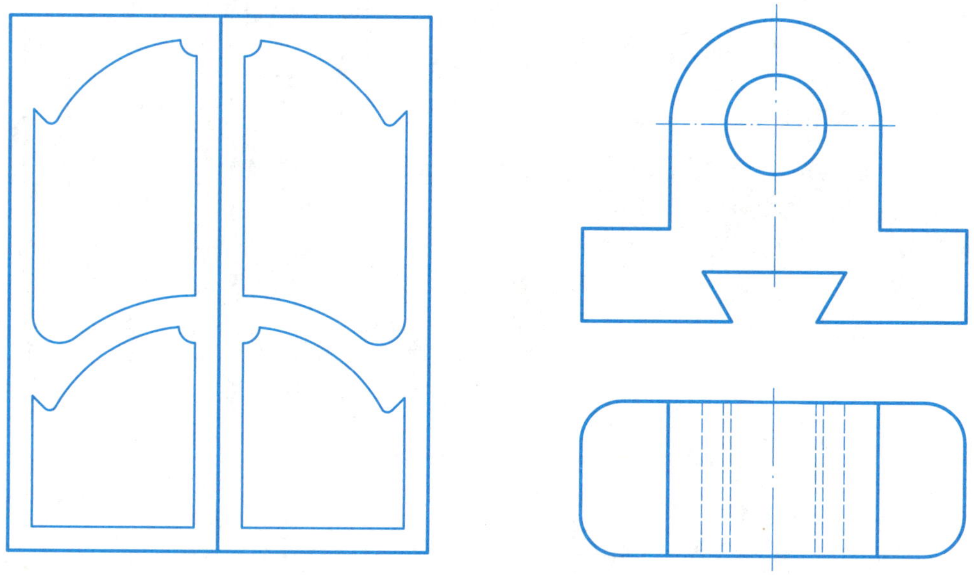

11.3 用 AutoCAD 绘制组合体的视图和轴测图

1. 绘制所给的两个视图（不标注尺寸）。

（1）

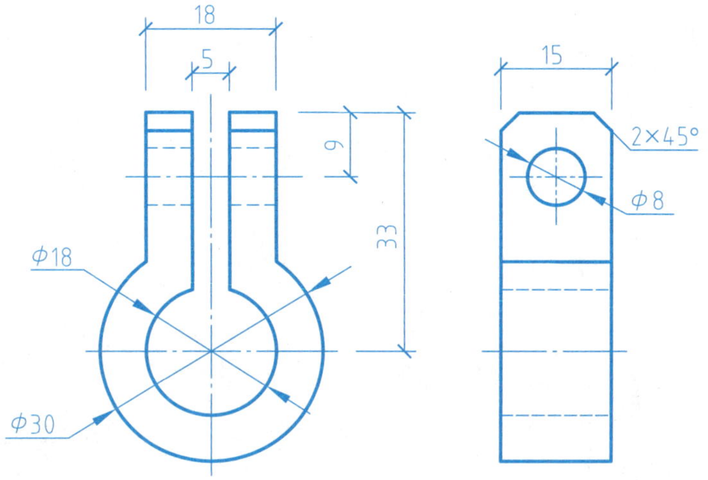

（2）

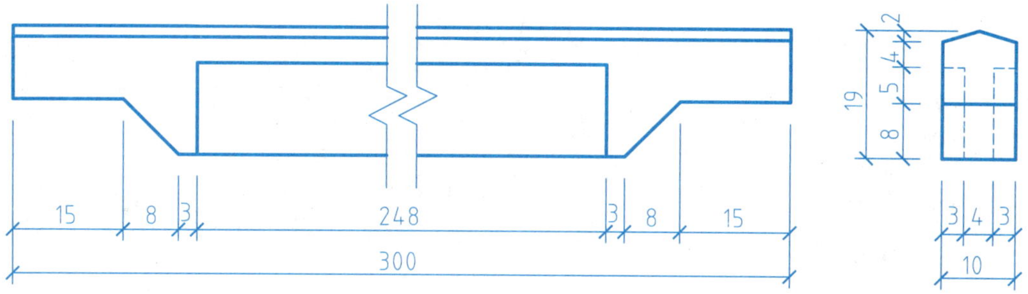

2. 根据轴测图和尺寸，用“等轴测捕捉”模式绘制正等轴测图（不注尺寸）。

（1）

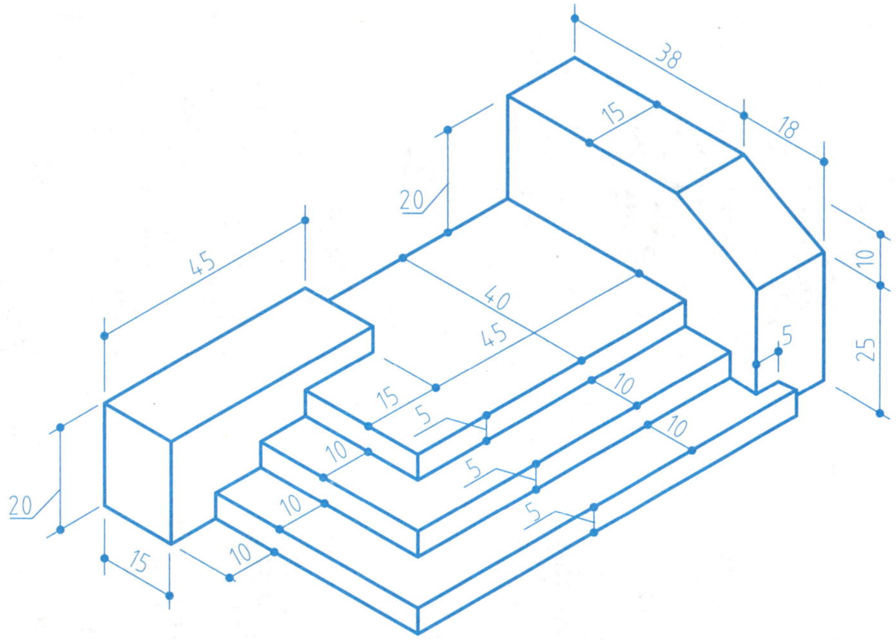

（2）

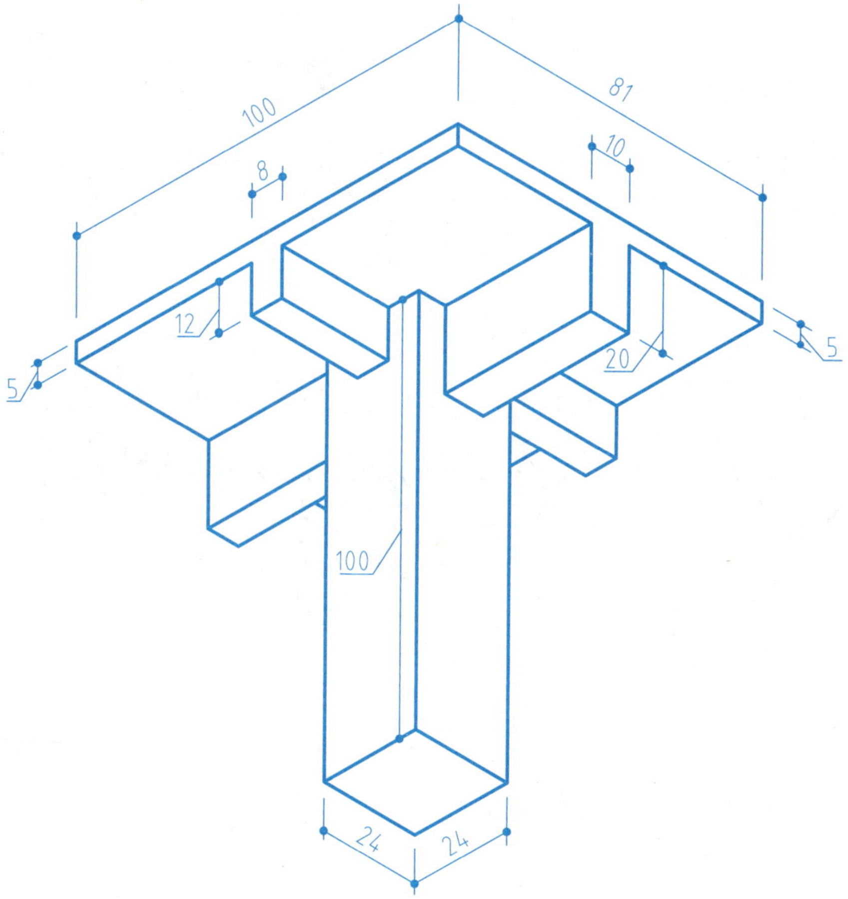

1. 设置图层和线型、绘制 A3 图框、标题栏、五角星，并填写标题栏文字（不标尺寸）。

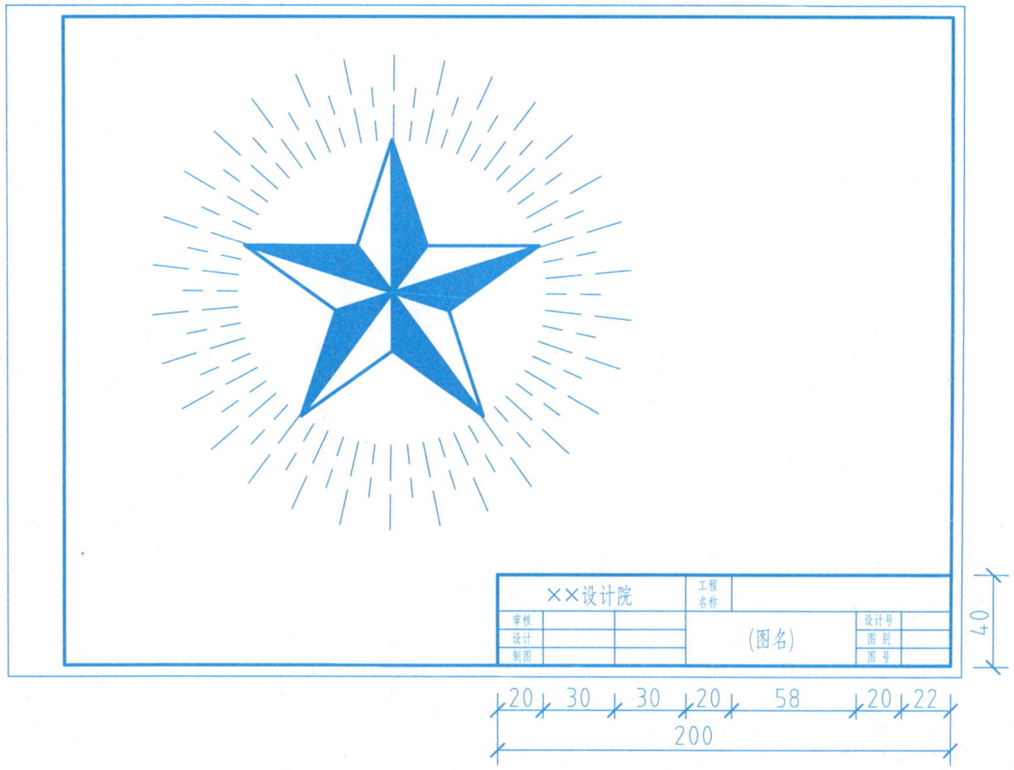

2. 绘制图形，完成图案填充，并标注标高。

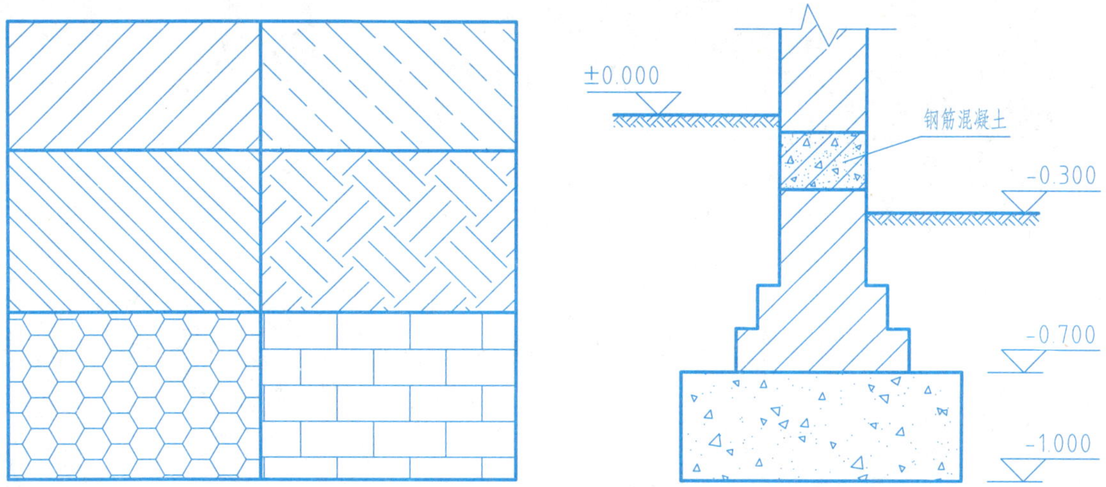

3. 绘制建筑平面图，并标注。

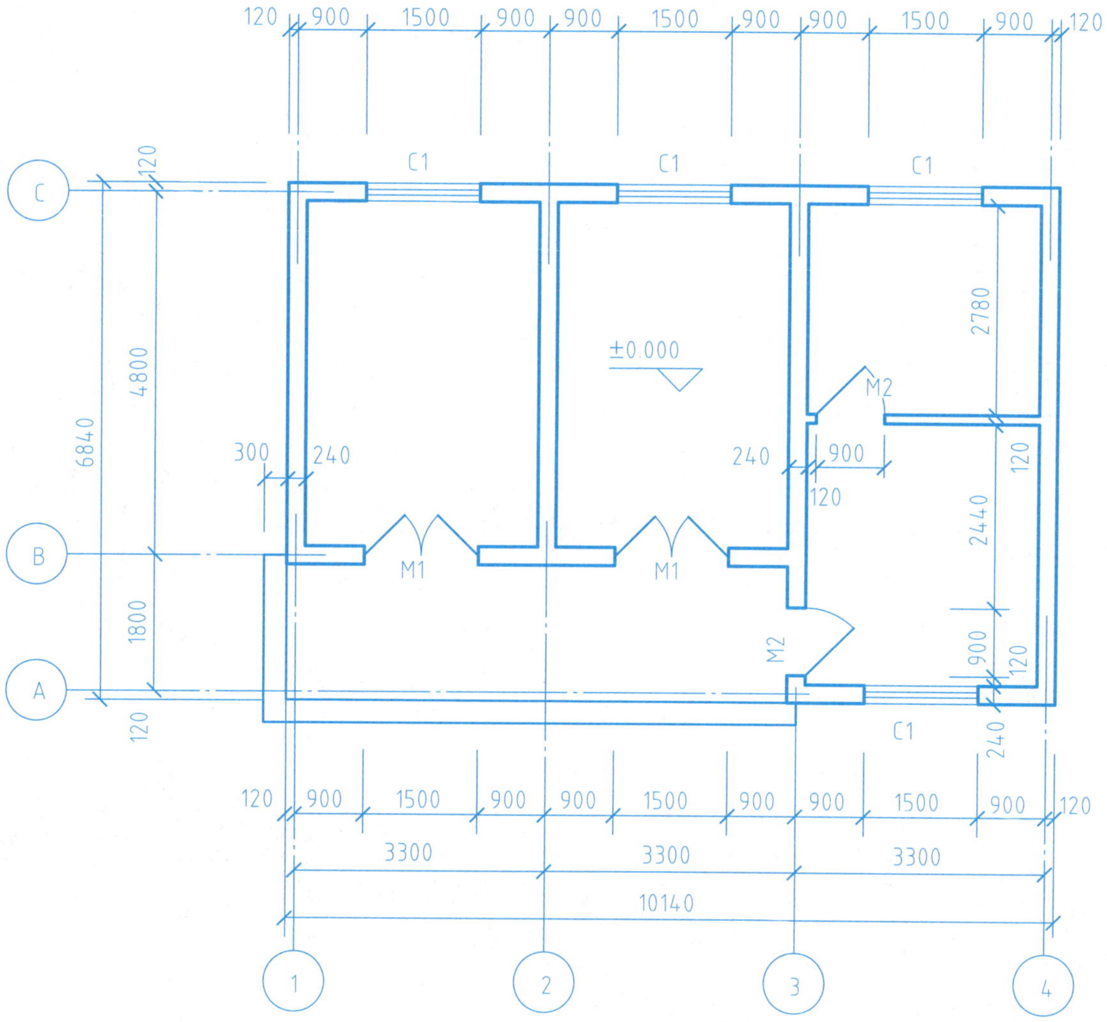

建筑平面图 1:50

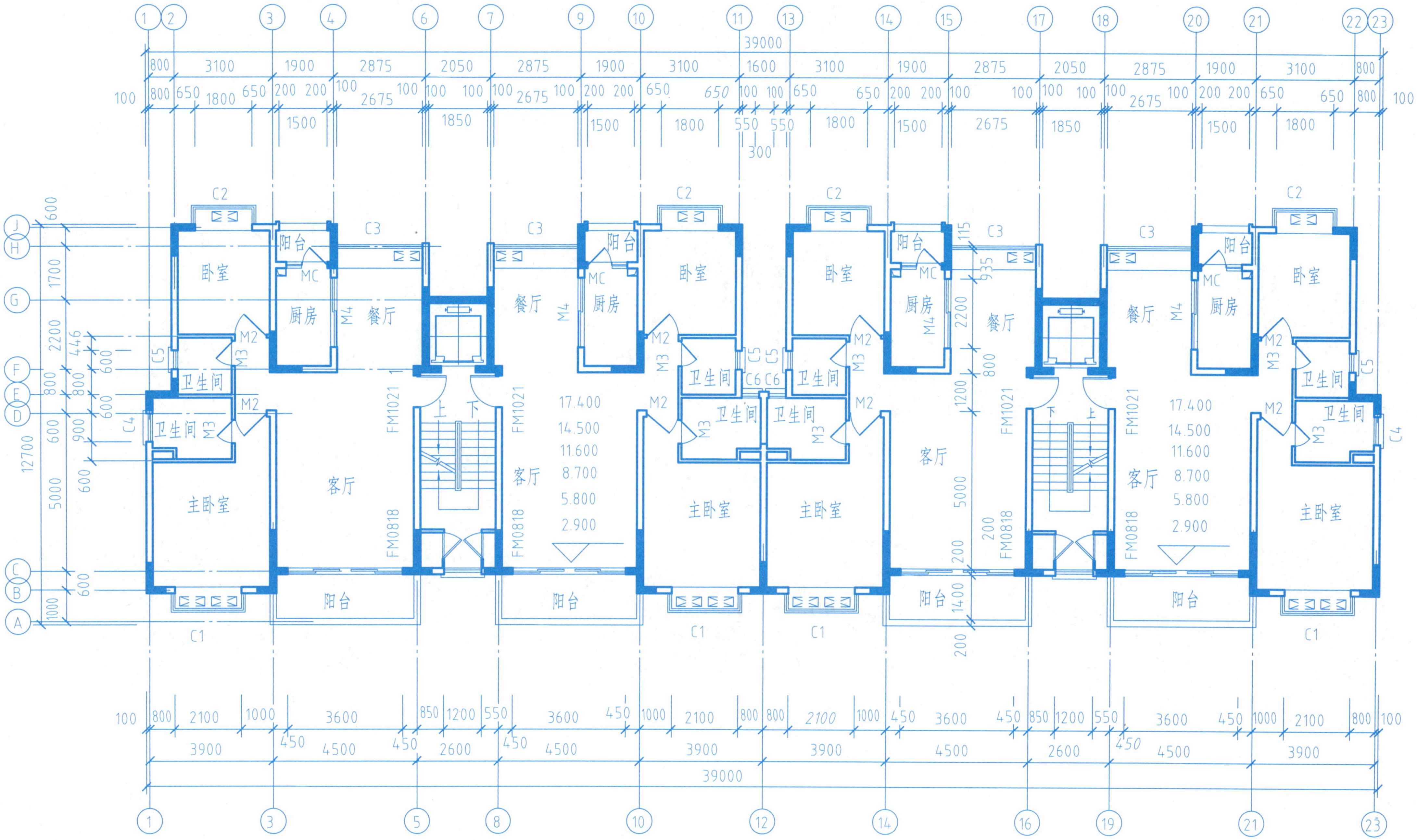

2～7层平面图 1∶100

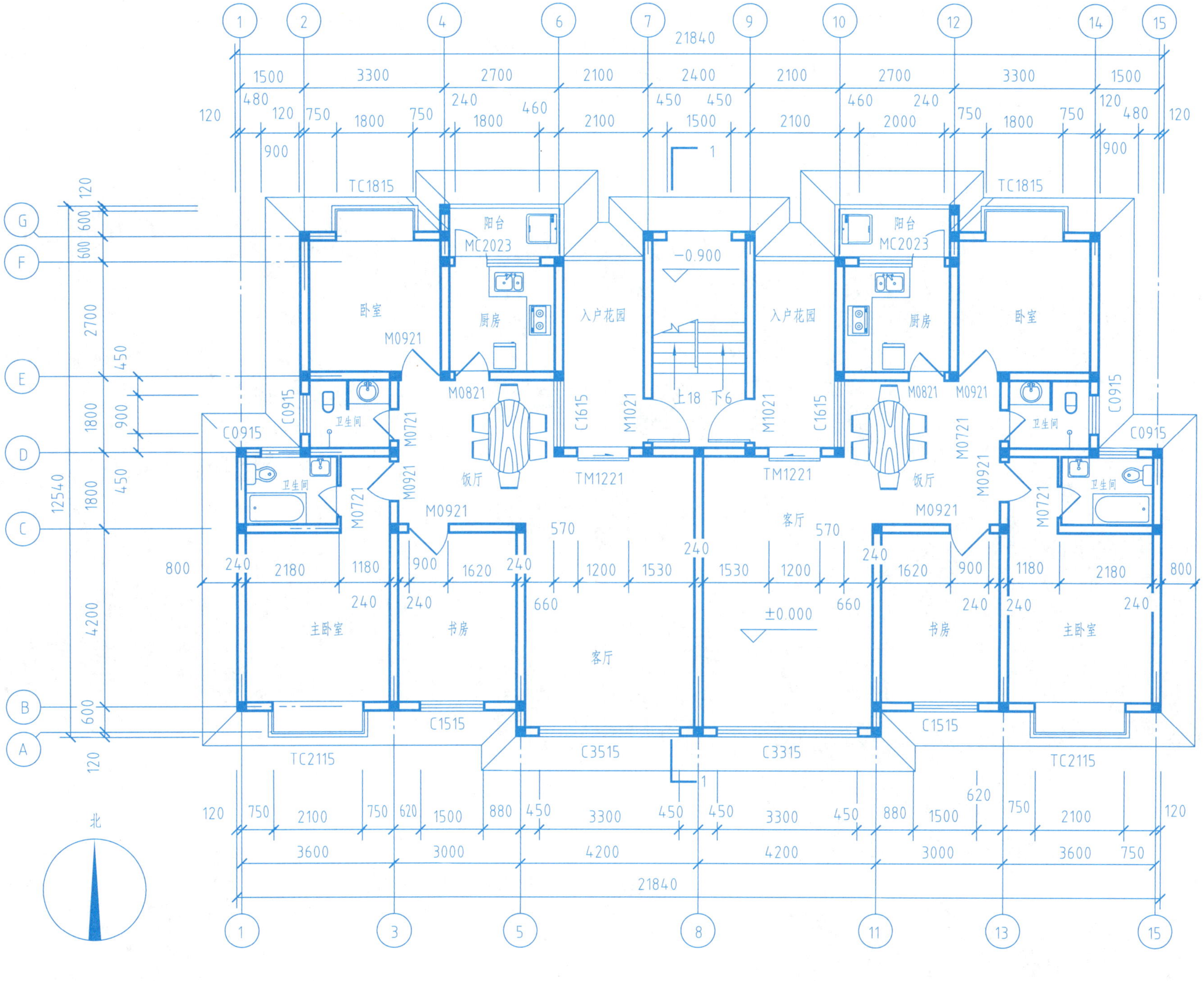
21840
1500
3300
2700
2100
2400
2100
2700
3300
1500
TC1815
阳台
MC2023
卧室
厨房
入户花园
−0.900
上18
下6
M0921
M0821
M1021
C1615
C0915
卫生间
M0721
饭厅
TM1221
客厅
主卧室
书房
±0.000
C1515
C3515
C3315
TC2115
3600
3000
4200
12540
北

1层平面图 1：100

12.2 用天正建筑软件绘制学生宿舍底层平面图,出图比例 1:100,图幅大小自选

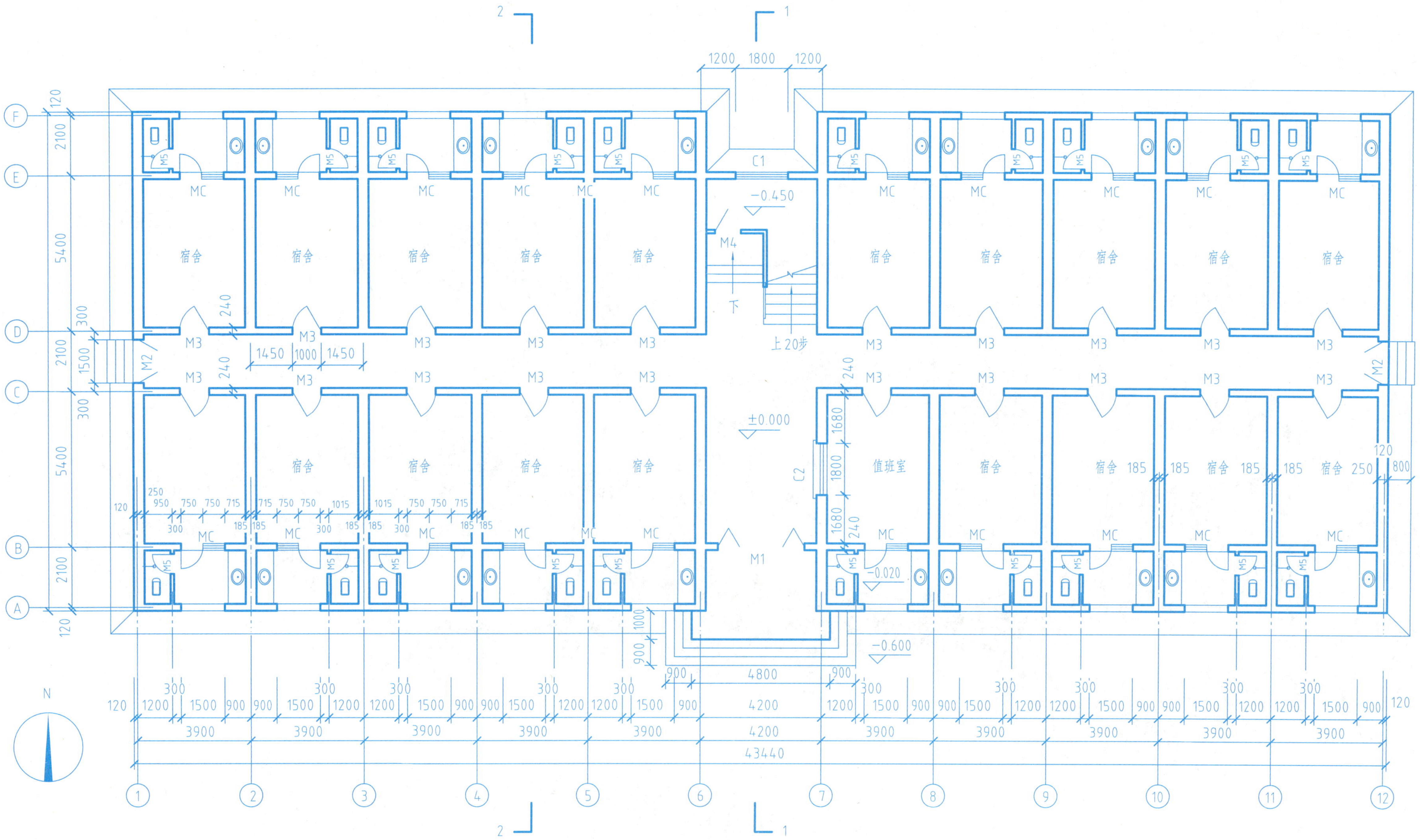

底层平面图 1:100

12. 天正建筑软件绘图	专业		班级		姓名		学号		日期		成绩		50

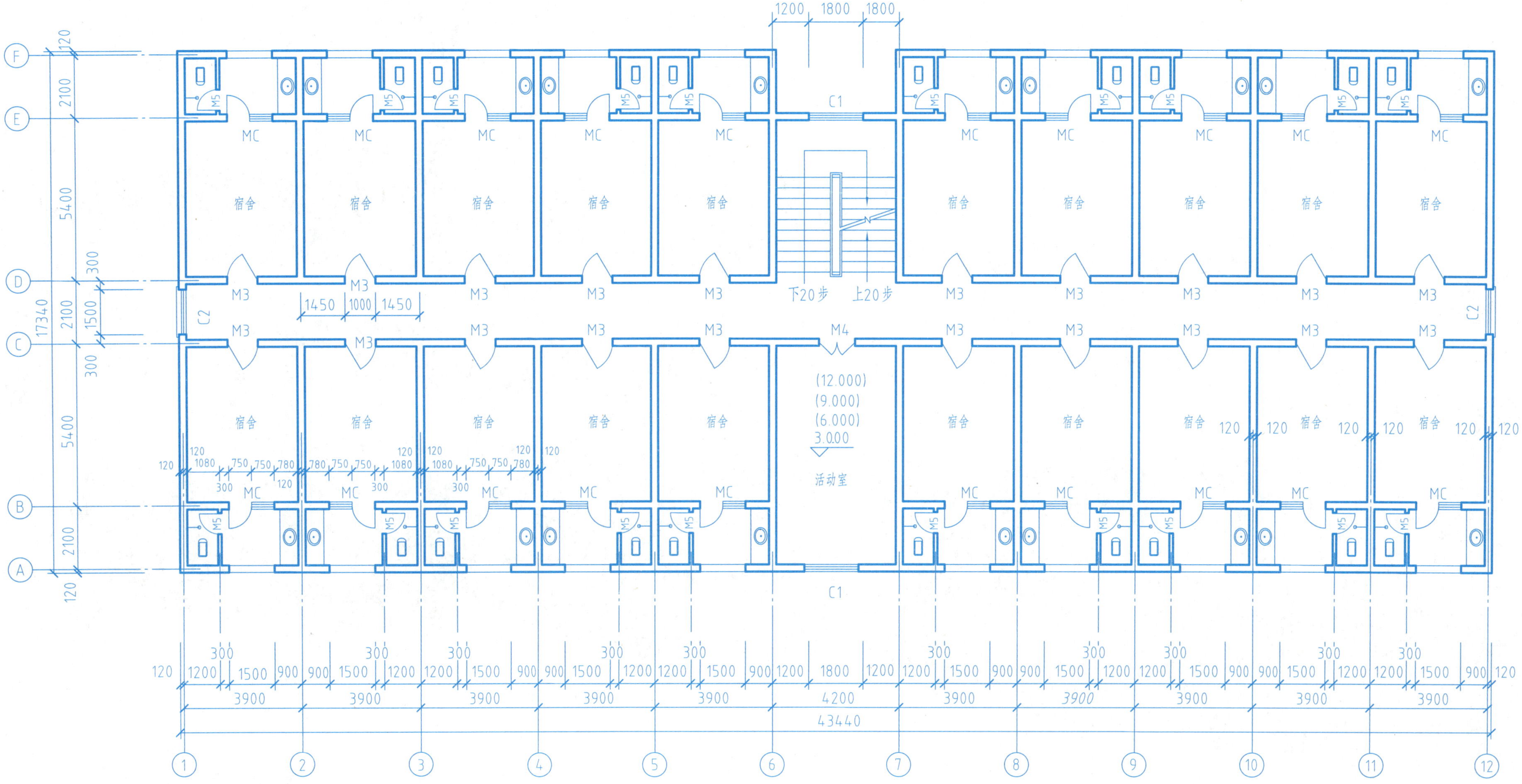
1200
1800
1800
C1
MC
宿舍
M5
M3
M4
C2
下20步
上20步
1450
1000
1450
(12.000)
(9.000)
(6.000)
3.000
活动室
120
2100
5400
300
1500
17340
3900
4200
43440
A
B
C
D
E
F
1
2
3
4
5
6
7
8
9
10
11
12

2~5层平面图 1:100

12.4 用天正建筑软件绘制学生宿舍①~⑫立面图，出图比例1:100，图幅大小自选

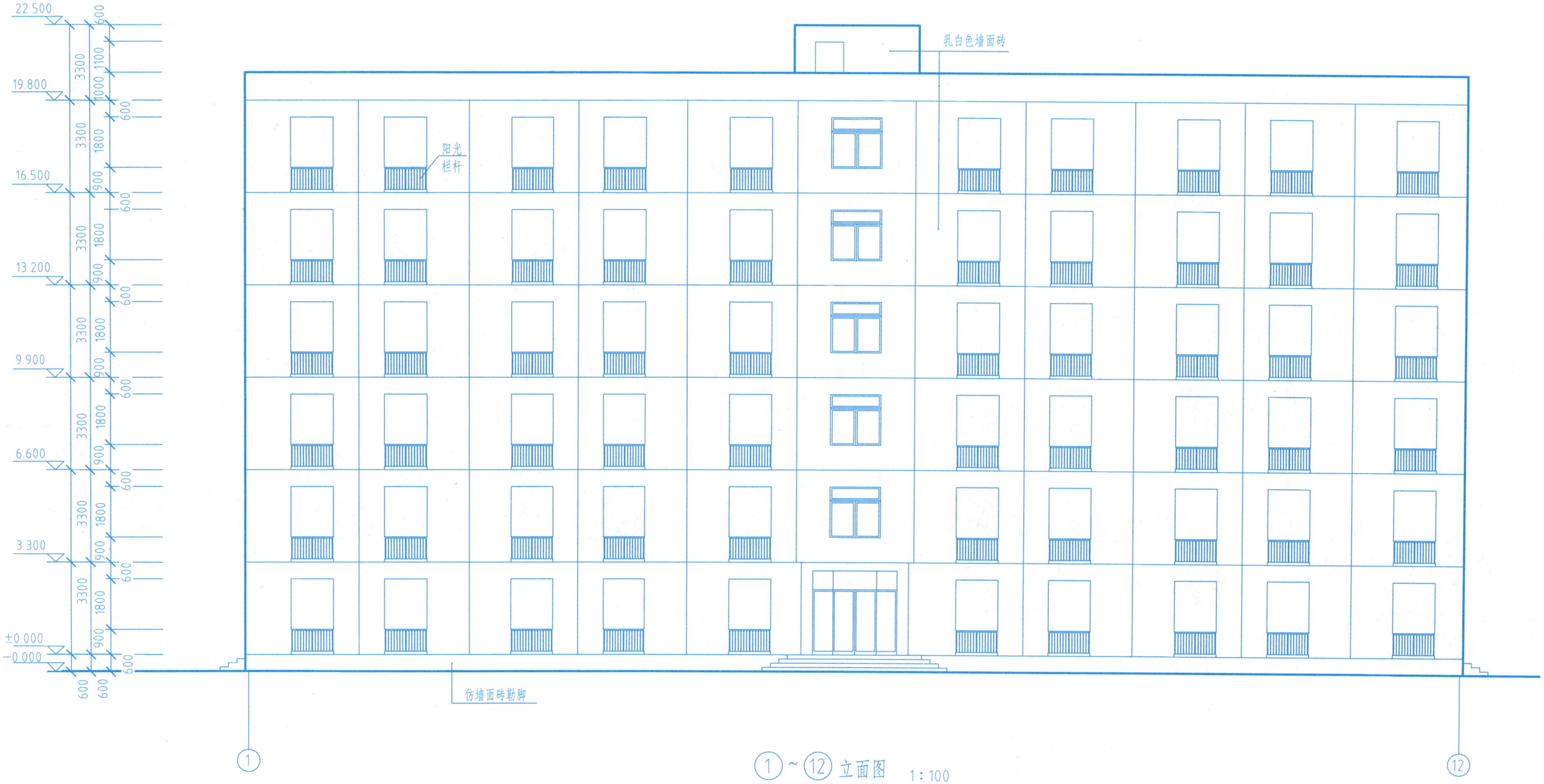

①~⑫立面图 1:100

12.5 用天正建筑软件绘制学生宿舍 1—1 和 2—2 剖面图，出图比例 1∶100，图幅大小自选

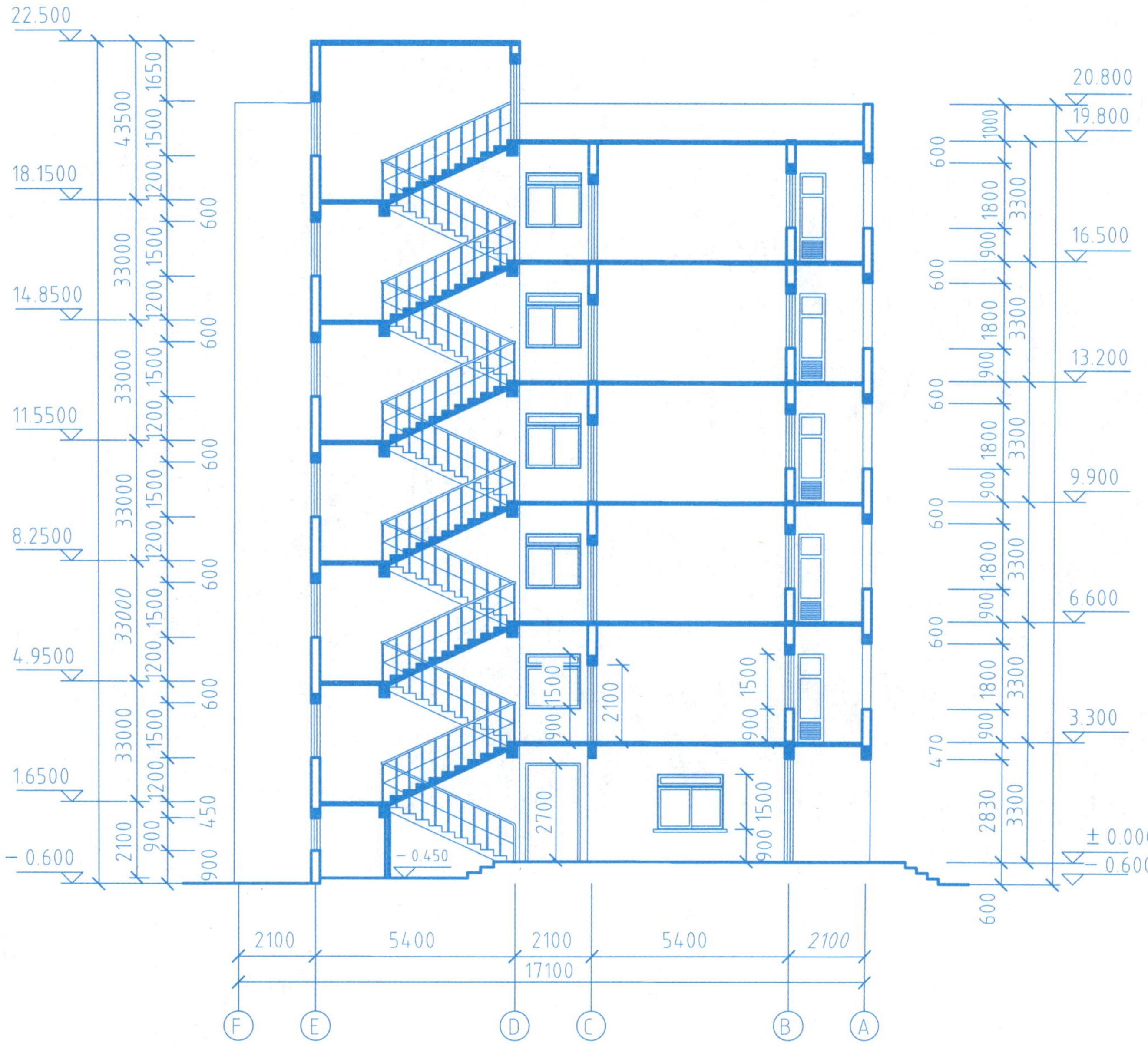

1—1剖面图 1∶100

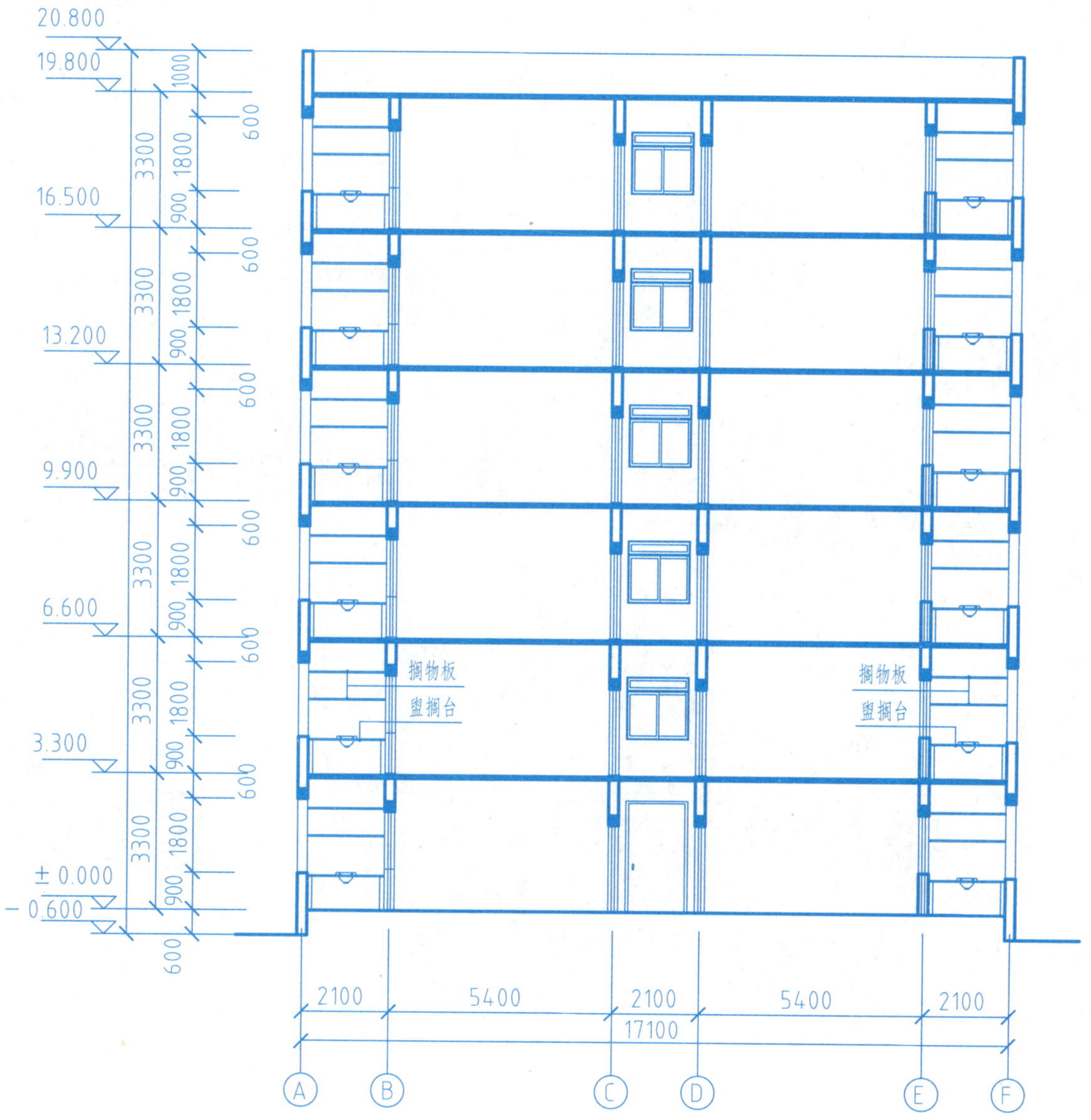

2—2剖面图 1∶100

郑重声明

高等教育出版社依法对本书享有专有出版权。任何未经许可的复制、销售行为均违反《中华人民共和国著作权法》，其行为人将承担相应的民事责任和行政责任；构成犯罪的，将被依法追究刑事责任。为了维护市场秩序，保护读者的合法权益，避免读者误用盗版书造成不良后果，我社将配合行政执法部门和司法机关对违法犯罪的单位和个人进行严厉打击。社会各界人士如发现上述侵权行为，希望及时举报，本社将奖励举报有功人员。

反盗版举报电话　(010) 58581897　58582371　58581879
反盗版举报传真　(010) 82086060
反盗版举报邮箱　dd@hep.com.cn
通信地址　北京市西城区德外大街4号　高等教育出版社法务部
邮政编码　100120

高职高专土建系列国家级规划教材
全国高职高专教育规划教材

- 建筑工程制图（第五版） 何铭新
- 建筑工程制图习题集（第五版） 何铭新
- 建筑工程制图与识图（第三版） 莫章金
- **建筑工程制图与识图习题集（第三版） 莫章金**
- 建筑工程制图与识图 刘军旭
- 建筑工程制图与识图习题集 刘军旭
- 建筑识图与构造（第二版） 赵 研
- 土建工程CAD（第三版） 吴银柱
- 工程力学（第一、二分册）（第四版） 沈养中
- 建筑力学（少学时）（第二版） 刘寿梅
- 建筑工程力学 陈在铁
- 建筑工程力学 于 英
- 建筑力学与结构（上册、下册） 刘晓敏
- 房屋建筑学（第二版） 赵 研
- 建筑工程测量（第二版） 李 仲
- 建筑材料（第三版） 王春阳
- 建筑施工技术（第三版） 郑传明
- 建筑施工技术 王 强
- 建筑工程施工组织管理（第三版） 蔡雪峰
- 建筑结构（少学时）（第三版） 胡兴福
- 土力学与地基基础（第三版） 张力霆
- 砌体结构工程施工（第二版） 胡兴福
- 砌体结构（第三版） 胡乃君
- 混凝土结构（第三版） 罗向荣
- 混凝土结构施工 王军强
- 钢结构（第二版） 董卫华
- 建设工程监理概论（第三版） 周和荣
- 建筑工程项目管理（第二版） 刘小平
- 建筑工程计量与计价（第二版） 李佐华
- 建筑工程定额与预算（第三版） 廖天平
- 房地产估价（第二版） 薛 姝
- 招投标与合同管理实务（第三版） 危道军
- 建筑抗震（第三版） 张小云
- 水利工程制图（第四版） 曾令宜
- 水利工程制图习题集（第四版） 曾令宜
- 建筑工程制图与识图 吴启凤
- 建筑工程制图与识图习题集 吴启凤
- AutoCAD 2010工程绘图技能训练教程（土建类） 曾令宜
- 建筑CAD实训教程 夏玉英
- 建筑工程测量（第二版） 李生平
- 建筑工程计量与计价（第二版） 赴 静
- 建筑工程项目管理 冀彩云
- 建筑工程英语 戴明元

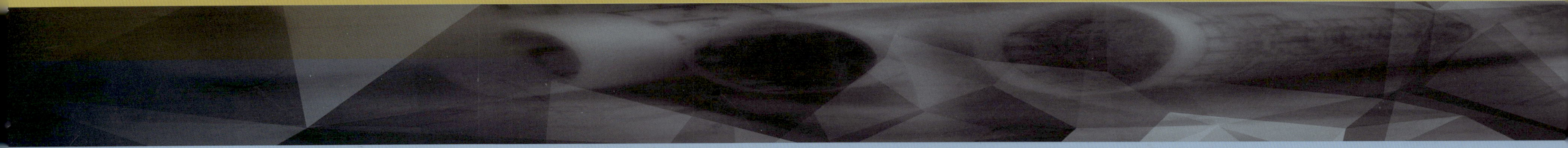

ISBN 978-7-04-037385-1
9 787040 373851 >
定价 24.80 元